基于炭化速度的木结构抗火性能研究

许清风　张　晋　陈玲珠　著

中国建筑工业出版社

图书在版编目（CIP）数据

基于炭化速度的木结构抗火性能研究 / 许清风，张晋，陈玲珠著. —北京：中国建筑工业出版社，2022.10（2024.3重印）

ISBN 978-7-112-27788-9

Ⅰ. ①基… Ⅱ. ①许… ②张… ③陈… Ⅲ. ①木结构－建筑火灾－研究 Ⅳ. ① TU998.1

中国版本图书馆 CIP 数据核字（2022）第 157992 号

责任编辑：王雨滢　周方圆
责任校对：张惠雯

基于炭化速度的木结构抗火性能研究
许清风　张　晋　陈玲珠　著

*

中国建筑工业出版社出版、发行（北京海淀三里河路 9 号）
各地新华书店、建筑书店经销
北京建筑工业印刷厂制版
建工社（河北）印刷有限公司印刷

*

开本：787 毫米×1092 毫米　1/16　印张：11　字数：253 千字
2023 年 2 月第一版　2024 年 3 月第二次印刷
定价：**48.00** 元
ISBN 978-7-112-27788-9
（39871）

序

由于木材可燃，且木结构建筑火灾荷载通常较大，一旦发生火灾，燃烧迅速、火势猛烈，极易造成木结构建筑严重破坏。近年四川绵竹灵官楼、云南巍山古城拱辰楼、韩国崇礼门、日本冲绳首里城、法国巴黎圣母院、巴西国家博物馆等世界著名木结构建筑均遭受严重火灾，造成无可挽回的世界文化损失。因此，木结构建筑的防火研究一直是工程结构抗火安全领域的重要课题。

我国是世界上使用木结构建筑最早的国家之一，有着几千年的应用历史，我国至今仍留存大量的木结构建筑。随着林业资源的恢复和进口木材数量的增多，以及我国可持续发展战略和"双碳"目标的需求，国内的木结构建筑近年来又得到了明显的发展。现代木结构建筑因其具有的节能、环保、可再生等诸多优点被越来越多的关注和应用，木结构建筑在我国具有非常广阔的市场前景。

火灾下木材表面温度达到200～400℃时会引燃，表面逐渐形成炭化层，且炭化层的强度和弹性模量显著减小，对木结构构件的受力性能带来十分不利的影响。然而，炭化层的传热性能较差，可延缓内层木材到达热解温度，降低热解速度，即炭化层对木结构抗火性能也起有利作用。因此，通过研究如何定量地考虑炭化层对木结构构件受力性能的不利影响，以及炭化层对木结构构件防火性能的有利影响，具有重大意义。

上海建科集团股份有限公司许清风博士等研究人员从2007年上海市青年科技启明星计划项目《基于炭化速度的木结构防火设计方法研究》（07QB14031）开始进行木结构抗火安全的研究和工程实践。在历年研究基础上，撰写了《基于炭化速度的木结构抗火性能研究》。该书重点介绍了火灾下木材炭化性能、火灾下木结构构件承载性能、木结构防火设计方法等，内容丰富、针对性强，对木结构建筑的抗火安全评价与防火设计具有指导性。相信本书的出版不仅有助于木结构建筑相关设计、施工和管理人员了解木结构火灾下的行为和防火设计方法，而且对相关学科的科研、教学与工程技术人员亦有裨益。

李国强
同济大学教授、博导
中国建筑学会抗震防灾分会结构抗火专业委员会主任委员
比利时皇家科学与艺术院外籍院士

前　言

木结构是我国传统建筑最重要的结构形式，是中华悠久文明的重要载体。研究表明，木质建筑能给人以宁静、安逸、温馨的舒适感，其长期居住者寿命高于其他类型建筑的长期居住者。木材在生产过程中消耗二氧化碳、净化空气质量。与其他建筑相比，木结构建筑具有施工简便、工期短、节能、环保、抗震性能好等诸多优点。美国、加拿大、日本、新西兰等发达国家的居住建筑多选用木结构，且越来越多的公共建筑如办公楼、会议中心、体育场馆等也开始选用多高层或大跨工程木结构。随着我国木材速生技术的发展以及进口木材数量增加，木结构在我国又得到了越来越多的关注和发展。近年来，随着国家标准《装配式木结构建筑技术标准》GB/T 51233—2016、《多高层木结构建筑技术标准》GB/T 51226—2017 和《木结构设计标准》GB 50005—2017 的相继发布实施和《建筑设计防火规范》GB 50016—2014（2018 年版）的局部修订，木结构允许层数显著增加，我国木结构建筑将进入一个新的发展阶段。

木材是可燃性材料，木结构建筑的防火安全性能是限制其推广应用的最重要因素。由于我国多年来缺乏对木结构抗火性能的系统研究，导致我国标准长期以来将纯木结构严格限制在 3 层及以下，与国际木结构发展趋势形成明显落差。国家标准《木结构设计标准》GB 50005—2017 和《胶合木结构技术规范》GB/T 50708—2012 中木结构防火设计主要参照国外标准，未考虑我国木结构的具体情况和特点。因此，亟须开展我国木结构的抗火性能研究。

国际上从 20 世纪 40 年代开始进行木结构的防火研究，在大量试验研究和理论分析基础上，加拿大、美国、瑞士等国编制了木结构防火设计标准。中华人民共和国成立初期，由于木材匮乏使木结构在我国的使用受到限制，我国木结构建筑研究被迫停滞。21 世纪以来，上海建科集团股份有限公司、应急管理部天津消防研究所、同济大学、中国林业科学院、南京工业大学等研究机构对木材的防火阻燃处理以及燃烧特性参数等开展研究，并取得了一些有益的研究成果。同时，上海建科集团股份有限公司、应急管理部天津消防研究所、东南大学、南京工业大学等机构陆续开始对木结构足尺构件的耐火性能和受火后性能进行研究。

本书较为系统地总结了作者十余年来围绕木材炭化性能、木构件抗火性能、木结构防火设计方法等所开展的研究工作。全书分九章，包括绪论、常用树种木材炭化速度的试验研究、标准火灾下木梁抗火性能的试验研究、标准火灾下木柱抗火性能的试验研究、标准火灾下木节点抗火性能的试验研究、标准火灾下木楼盖抗火性能的试验研究、木结构抗火性能的有限元分析、木结构防火设计方法、总结与展望。

　　在研究过程中，得到了上海市青年科技启明星计划项目《基于炭化速度的木结构防火设计方法研究》（07QB14031）和《传统木结构火灾性能和抗火能力提升关键技术研究》（17QB1403400）、上海市青年科技启明星跟踪计划项目《既有砖木结构火灾性能和抗火能力提升关键技术研究》（11QH1402100）、国家自然科学基金面上项目《梁柱式木结构框架抗火性能及火灾后评估方法研究》（51178115）、上海市科委应用技术开发项目《新型多层木结构体系关键技术研究与应用》（2015-110）和上海建科集团科研创新项目《木结构火灾性能数值模拟和防火设计方法研究》（HT0214043D000）的资助；得到了东南大学建筑设计研究院有限公司韩重庆教高和硕士研究生李帅希、商景祥、胡小锋、王正昌、李林峰、刘增辉、王斌，东南大学土木工程学院徐明教授等的大力支持。在此，对以上资助和个人给予的大力支持和帮助致以深深的感谢。

　　由于作者知识水平和理论分析的能力有限，书中难免有不足之处，敬请读者批评指正。

目　录

第1章 绪 论

建筑火灾对人类生命威胁巨大，造成的直接经济损失和间接经济损失也十分巨大。由于木材是可燃性材料，大众普遍对木结构建筑防火性能持怀疑态度，大大限制了木结构建筑的应用和发展。大量研究表明，通过合理防火设计的木结构建筑火灾风险与其他类型建筑接近[1-1; 1-2]。

1.1 木结构建筑的发展

我国是世界上建造木结构建筑最早的国家之一，有着几千年的应用历史。早在3500年前就基本形成了中国传统的木结构体系。在秦、汉时期（约2200多年前），已经出现了规模庞大的木结构宫殿。到了唐代（1100多年前），木结构建筑进入了鼎盛时期，木结构建造技术被载入了《唐六典》。宋代《营造法式》从建筑、结构、施工等方面全面系统地反映了中国古代木结构建筑体系。我国至今仍保存着大量的木结构历史建筑，这些木结构历史建筑是中华民族历史文化遗产的重要组成部分。20世纪中叶由于林业资源匮乏，木材在我国建筑业中的使用受到限制，木结构建筑的发展在我国停滞了相当长的一段时间。近年来，随着林业资源的逐步恢复和进口木材数量的增多，国内的木结构建筑行业得到了明显的发展，且近年来随着国家高质量发展的要求，大家对环保问题越来越重视，现代木结构建筑凭其具有的节能、环保、可再生等诸多优点被越来越多的应用，木结构建筑在我国具有非常广阔的市场前景[1-3]。

北美、欧洲地区森林资源十分丰富，木结构是住宅建筑的最主要形式。随着木结构建筑技术的发展，越来越多的公共建筑如办公楼、会议中心、体育场馆也开始采用了木结构建筑形式，且木结构建筑不断向大跨度和高层方向发展。不同国家的技术标准也逐步放宽木结构的高度限制，加拿大魁北克省已将木结构高度限制放宽到12层。目前，美国、加拿大已建成数量众多的5～6层轻型木结构房屋，2016年加拿大不列颠哥伦比亚大学UBC建成了高53m、共18层的Block Commons学生公寓，2018年澳大利亚建成了高52m、共10层的King办公楼，2019年奥地利维也纳建成了高84m、共24层的HoHo大厦，2019年挪威建成了高85.4m、共18层的Mjostarnet大楼。

目前木结构体系主要包括方木原木结构、层板胶合木结构、正交胶合木结构、轻型木结构、木混合结构等[1-4]。不同结构体系的木构件大小、组装方法以及火灾性能均不相同。实际工程中，主要根据建筑物的规模和使用功能选择不同的结构体系。

1.2　木材的燃烧和炭化性能

火灾后，木材组成和微观结构均发生很大变化。Konig[1-5]研究了真实火灾下木材的燃烧性能，指出木材燃烧后由于炭化使木材表面形成裂缝，将进一步通过辐射和对流进行热传递。Lau 等[1-6]指出木材燃烧与木材可燃气体的分解形成、扩展和燃烧挥发有关。木材分解燃烧的影响因素包括外部火场温度、木材树种和密度；木材热量交换的影响因素包括：木材树种、含水率、渗透率和其他形态学因素。Spearpoint 等[1-7]研究发现木材在表面温度达到200~400℃时引燃，开始燃烧时热流通量包括外部热流和木材火焰热流的叠加，热量释放很快达到一个大值；随着高温分解层的推进，炭化层逐渐形成。炭化层在外部热环境与高温分解层之间形成了热阻层，降低了热释放速度。当温度达到300℃时，炭化层开始分解。炭化层由于收缩和应力梯度将在表面形成裂缝，使挥发性气体更易逸出；随着炭化深度的增加，裂缝宽度加大，形成形似鳄鱼皮的裂缝分布。木材的燃烧速度与木材树种、纹理方向、含水率、外部受火条件和木材非均质等因素有关。

火灾后木材由于热解和炭化，形成不同分层。Buchanan[1-2]根据截面达到的最高温度对受火后木材进行分层：其中温度不小于300℃为炭化区；温度小于300℃但大于200℃为高温分解区，该区域木材强度降低、质量减少且木材颜色改变；其余区域为正常区域，如图1-1所示。Van Zeeland 等[1-8]将受火后木材分为炭化层、热层、温层和冷层。Janssens[1-9]则将受火后木材分为五个区：炭化区、高温分解区、干木区、蒸发区和湿木区。

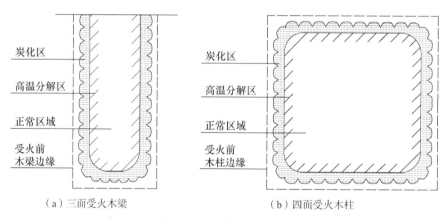

（a）三面受火木梁　　　　　（b）四面受火木柱

图 1-1　木材炭化示意图

Zicherman 等[1-10]使用扫描电镜对炭化层的微观结构进行了分析研究，并用木材燃烧动力学理论进行了解释。研究表明，燃烧后木材表层是严重变形的炭化层，伴有明显的裂缝；然后是变形较小的炭化层，该层也发生了明显的高温分解，一般以年轮为界；最后是一层水平裂缝，把炭化层与未炭化部分分开。

在木结构防火设计时，通常采用剩余截面法[1-11]来计算火灾下和火灾后木构件的剩余承载力，所以木材炭化速度是研究木材防火性能的关键。无表面防火处理木材炭化性能研究方面，Tran 等[1-12]、White 等[1-13; 1-14]、Yang 等[1-15]、Xu 等[1-16]对木材的炭化性能进行了研究，研究表明，炭化层形成后炭化深度与受火时间近似呈线性关系，炭化速度趋于稳定值；炭化速度与树种、密度和含水率有关，且炭化速度随含水率和密度的增加而减小。White 等[1-14]指出木材的炭化速度还与木材的收缩率（Contraction factor）有关。然而 Frangi 等[1-17]、Hugi 等[1-18]指出木材密度在 340~500kg/m³ 时，炭化速度与密度和含水率无直接关系，且 Hugi 等[1-18]提出木材炭化速度仅与氧渗透率（Oxygen permeability）有关。Njankouo 等[1-19; 1-20]研究了热带硬木的炭化速度，结果表明，热带硬木炭化速度与密度密切相关。Lange 等[1-21]研究了不同火灾升温曲线下木材的炭化速度，发现火灾升温曲线对炭化速度有较大影响。

有表面防火处理木材炭化性能研究方面，Tsantaridis 等[1-22]采用锥形量热仪对不同类型耐火石膏板保护木搁栅的炭化性能进行了研究，研究表明，锥形量热仪试验虽不能反映耐火石膏板脱落的影响，但仍可以用于有防火保护构件炭化性能的研究；耐火石膏板能延缓木材开始炭化的时间。Nussbaum 等[1-23]、张盛东等[1-24]对经阻燃处理木材的炭化性能进行了研究，研究表明，阻燃剂对木材的耐火性能有一定改善。张晋等[1-25; 1-26]、White 等[1-27]进行了表面涂抹阻燃涂料木构件的炭化性能研究，结果表明，阻燃涂料能延缓炭化开始时间，涂抹阻燃涂料后木构件炭化速度明显减小。许清风等[1-28]和李向民等[1-29]分别进行了石灰膏抹面三面受火木梁和四面受火木柱的火灾性能试验，结果表明，石灰膏抹面能延缓木梁和木柱开始炭化的时间，减小炭化速度。许清风等[1-30]、王正昌等[1-31]对一麻五灰地仗处理圆木柱的火灾性能进行了研究，研究表明，一麻五灰地仗处理能有效降低圆木柱内部的温升梯度，延缓圆木柱开始炭化的时间、降低炭化速度。

1.3 木构件抗火性能

国内外针对木结构构件火灾下及火灾后性能开展了较多研究。无表面防火处理木构件火灾下及火灾后性能研究方面，倪照鹏等[1-32]和许清风等[1-33]对三面受火木梁的耐火极限进行了研究，研究表明，木梁下角部由于两个方向的炭化变为弧形，三面受火木梁的竖向炭化速度略大于水平向炭化速度；三面受火木梁的耐火极限随荷载比的增加而明显降低，随截面尺寸的增加而显著增加。Lange 等[1-21]研究了不同火灾升温曲线对三面受火胶合木梁耐火极限的影响，并指出快速大火下木梁耐火极限较小。许清风等[1-28]和张晋等[1-25]分别对三面受火和四面受火后木梁的力学性能进行了研究，研究表明，受火后木梁跨中截面基本符合平截面假定，受火后木梁初始刚度和剩余承载力随受火时间增加而明显降低。李向民等[1-29]、Malhotra 等[1-34]、Ali 等[1-35]、陈玲珠等[1-36; 1-37]对四面受火木柱的耐火极限进行了研究，研究表明，四面受火木柱耐火极限随荷载比的增加而明显降低，随截面尺寸的增加而增加。许清风等[1-38]和张晋等[1-26]分别对四面、单面及相邻两面受火后木柱的力学性能进行了研究，研究表明，受火后木柱剩余承载力显著降低，受火后木柱的初始刚度明显低于未受火对比试件，部分截面较小的受火后木柱发生偏压破坏。

有表面防火处理木构件火灾下及火灾后性能研究方面，许清风等[1-33; 1-39]进行了涂抹阻燃涂料三面受火木梁的耐火极限和受火后性能研究，研究表明，木梁表面涂抹阻燃涂料后耐火极限有所提高，火灾后剩余承载力、刚度等均有所增加。然而，Malhotra 等[1-34]则指出，表面涂抹阻燃涂料或阻燃处理对木柱耐火极限的影响不显著。王正昌等[1-31]、陈玲珠等[1-40]开展了一麻五灰地仗处理对圆木柱耐火极限影响的研究，研究表明，采用一麻五灰地仗处理后，圆木柱的耐火极限明显增大。许清风等[1-28]和李向民等[1-29]分别进行了石灰膏抹面四面受火木柱和三面受火木梁的耐火极限和受火后性能试验，结果表明，石灰膏抹面能显著提高木梁和木柱的耐火极限，且提高受火后木梁与木柱的剩余承载力和刚度。

　　木楼盖耐火性能研究方面，Richardson 等[1-41]进行了木屋面和木楼面防火性能提升的研究。结果表明，由于老旧建筑中木楼盖通常存在 2～4mm 宽的板缝，为阻止可燃气体的穿透可采用 OSB 板覆盖；木楼盖下设置耐火石膏板后耐火极限可提高 18～20min。Benichou[1-42]研究了木楼盖的整体耐火性能。结果表明，木楼盖耐火性能与石膏板层数、保温材料类型、荷载比和外部火场温度等有关。Shields 等[1-43]通过试验研究表明，防火措施可延迟墙体木质内衬引燃时间约 12min。Sultan[1-44]对轻型木楼盖的耐火性能进行了研究，分别考虑了空腔是否内填防火材料和防火材料类型、搁栅间距和宽度、隔声槽的布置和间距、连接类型等试验参数的影响。研究表明，搁栅间距、内填防火材料种类、隔声槽布置间距等对轻型木楼盖的耐火性能影响较大。倪照鹏等[1-32]进行了木结构建筑楼板和墙体的耐火试验，结果表明，木基墙体和木楼板的耐火性能与石膏板的厚度和层数有关。Xu 等[1-45]对比了涂抹阻燃涂料、板底增设耐火石膏板、木楼盖空腔处填塞岩棉等防火措施对木楼盖耐火性能的影响，研究表明，采用不同防火保护措施后木楼盖的耐火极限均有所提高，填塞岩棉的效果优于板底增设耐火石膏板、板底增设耐火石膏板的效果优于涂抹阻燃涂料。

　　Emberley 等[1-46]对正交胶合木（Cross laminated timber，以下简称 CLT）墙板的燃烧性能和火灾蔓延规律进行了研究，研究表明，若炭化层板不剥落，当室内燃烧物烧完后，CLT 墙板火焰能自然熄灭。Hadden 等[1-47]研究了 CLT 建筑的室内火灾蔓延规律。研究指出，对于两个面受火的房间，若炭化层板不发生剥落，CLT 墙板火焰能自然熄灭；但三个面受火的房间，CLT 墙板火焰不能自然熄灭。Frangi 等[1-48]研究了胶粘剂类型和不同层板厚度对 CLT 楼板炭化性能的影响。研究表明，胶粘剂类型对 CLT 楼板炭化性能的影响较大；使用非耐高温单组分聚氨酯胶（PUR）制造的 CLT 楼板，表层完全燃烧炭化后发生脱落，第二层木材直接暴露在火焰中，炭化速度较未脱落的有显著增加；表层板较薄时炭化层更易脱落，无法对内部层板形成有效保护。Frangi 等[1-49]通过研究发现，竖向受力 CLT 墙板炭化层基本不会剥落，其耐火性能优于 CLT 楼板。Fragiacomo 等[1-50]进行了 CLT 楼板有无外荷载和防火保护情况下的火灾性能对比试验。研究表明，耐火石膏板能延迟 CLT 楼板开始炭化的时间，热电偶测得的温度数据未发现由于炭化层脱落引起的突然升温。Osborne 等[1-51]进行了一系列耐火极限试验，研究了耐火石膏板、层板数量等对 CLT 楼板耐火性能的影响。研究表明，CLT 楼板易在拼接处发生蹿火，炭化速度约为 0.60～0.75mm/min。Craft 等[1-52]研究了胶粘剂类型、耐火石膏板等对 CLT 楼板火灾性能的影响，研究表明，耐火石膏板能有效延缓木材开始炭化的时间；采用 PUR 胶粘剂的 CLT 楼板气密性较好，可以防止火焰在层板内蔓延。

1.4 木节点抗火性能

木结构建筑中连接节点是关乎其整体性能的关键环节，直接影响到木结构的安全性、可靠性和稳定性。现代木结构通常采用金属连接件，包括螺栓、螺钉、钢板、齿板和五金扣件等。传统木结构主要采用燕尾榫、馒头榫、直榫等榫卯连接方式，其中直榫又分为透榫、单向直榫和半榫。

Noren[1-53] 对不同厚度木节点的试验研究表明，采用较厚木材的节点有较高的耐火极限。荷载比越高，耐火性能越差。Frangi 等[1-54]、Audebert 等[1-55]、Moraes 等[1-56]、Peng 等[1-57; 1-58]进行了销钉—钢板连接的火灾试验，研究表明，未加防火保护的连接试件耐火极限为 12min 左右，施加阻燃涂料后耐火极限增加到 30min。汝华伟等[1-59]进行了一系列胶合木构件螺栓连接的火灾试验，研究表明，螺栓的直径和间距对耐火极限影响不大，而增加侧材厚度、降低荷载比、增加连接端距能提高其耐火极限；需要对连接采取有效的保护措施才能达到规定的耐火极限。Palma 等[1-60]对销轴连接梁柱节点的耐火极限进行了研究，研究表明，销钉连接梁柱节点的耐火极限为 30～60min；随着梁柱之间的间隙增加，节点的耐火极限降低。张晋等[1-61]进行了胶合木螺栓—钢夹板连接节点的耐火极限试验，研究了端距和阻燃涂料对节点耐火极限的影响，研究表明，顺纹端距由 7 倍螺栓直径提高至 10 倍螺栓直径并不能提高其耐火极限，而对连接进行表面处理可一定程度上提高其耐火极限。张晋等[1-62]还进行了梁柱螺栓—T 型钢填板连接节点火灾试验，研究表明，节点耐火极限随荷载比的增加而减小，且对连接表面进行阻燃涂料处理可明显提高其耐火极限。陈玲珠等[1-63]研究了梁柱螺栓—直线型钢填板连接节点和螺栓—U 型钢填板连接节点的耐火极限，研究表明，相同类型的胶合木节点，随荷载比增加耐火极限减小；相同荷载比时，螺栓—U 型钢填板连接节点耐火极限比螺栓—直线型钢填板连接节点稍高。

目前榫卯节点火灾性能研究较少，张晋等[1-64]进行了燕尾榫榫卯节点的耐火极限试验，研究表明，燕尾榫榫卯节点耐火极限随荷载比的增加而减小，且对试件表面进行阻燃涂料处理可提高其耐火极限。陈玲珠等[1-65]进行了透榫和单向直榫耐火极限的研究，研究表明，相同类型的榫卯节点，随着荷载比的增加耐火极限减小；相同荷载比时，单向直榫节点耐火极限比透榫节点稍高。Regueira 等[1-66]提出了基于 ANSYS 软件的木结构榫卯节点火灾性能的数值模拟模型，能较好地模拟节点火灾性能。

1.5 木结构抗火性能

由于边界条件的局限性，木构件和节点的火灾性能不能完全反映木结构真实火灾下的性能。国内外针对木结构整体抗火性能进行了研究。

Frangi 等[1-67]开展了模块化轻型木结构酒店真实火灾下的足尺火灾试验，研究了自动喷淋设施的效果，并发现可燃木质墙体会增加火灾蔓延的风险。Bullock 等[1-68]对一座 6 层的轻型木结构建筑进行了防火测试，研究表明，轻型木结构真实火灾的等效爆火时间与标准火灾接近。Frangi 等[1-69]开展了 3 层 CLT 结构建筑足尺火灾试验来研究木结构的整体防火性能，试验中 CLT 板采用石膏板保护。研究表明，采用石膏板保护后木结构火灾可控制在一个房间内。尽管墙体石膏板的脱落会使室内温度迅速升高，但石膏板防护能够有效限制火灾蔓延。Peng 等[1-70]在云南省丽江市某旧楼内进行了足尺火灾实验，研究了自动喷淋系统、火源形式、着火点位置、是否有天花板等因素对结构火灾性能的影响。研究表明，若火源靠近墙壁，火势蔓延速度会加快；天花板可以推迟火势蔓延到邻近房间的时间。Hasemi 等[1-71]进行了 3 层木结构学校建筑的足尺火灾试验。结果表明，着火隔间窗户、防火隔墙和防火门是阻碍火灾向外蔓延的关键，阳台和屋檐也能够有效缓解外部火灾蔓延。Kolaitis 等[1-72]进行了一个足尺室内火灾试验，对比了轻型木墙板和 CLT 墙板不同类型防火保护措施对室内火灾的影响，研究发现，耐火石膏板比木质板材的保护效果好。Emberley 等[1-46]对 CLT 结构进行足尺室内火灾试验，研究表明，若 CLT 板不发生剥落，CLT 结构发生火灾后能自熄。

许永贤[1-73]针对福州土楼木结构开展了缩尺火灾试验，研究表明，透明阻燃涂料在火灾初期能有效阻止火焰燃烧，能延长火灾初期增长阶段的持续时间、推迟轰燃。张扬等[1-74]采取调研和全尺寸实验的方法研究了普通石膏板和超薄型阻燃涂料对丽江古建筑的防火保护，研究表明，两种防火保护措施均能保护木结构古建筑，可综合使用。

1.6 木结构防火设计方法

方木原木结构和工程木结构（包括层板胶合木结构和 CLT 结构）为了达到建筑效果，木构件一般外露，其防火设计主要通过规定结构构件的最小尺寸，利用木构件本身的炭化性能达到规定的耐火极限，使木构件在受火后截面减小的情况下，仍能承担相应的设计荷载。轻型木结构防火设计的思路主要是通过在结构构件外部敷设耐火材料，如耐火石膏板、水泥纤维板等来增加耐火极限并阻挡火焰和高温气体传播，并采用合理的防火构造体系来保证其防火性能。混合结构防火设计由其各混合部分的防火设计叠加而成，各混合部分遵照其各自的防火设计要求。

国家标准《建筑设计防火规范》GB 50016—2014（2018 年版）[1-75]第 11 章提出了对木结构建筑的防火要求，包括木结构建筑构件的燃烧性能和耐火极限、木结构建筑的允许层数和允许高度、防火墙间的允许建筑长度和每层最大允许建筑面积、防火间距等方面的要求。目前正在征求意见的国家标准《建筑设计防火规范》GB 50016—2014 局部修订条文（征求意见稿）主要对不同耐火等级木结构的燃烧性能和耐火极限以及允许层数和高度等进行了修订。国家标准《建筑设计防火规范》GB 50016—2014 经过 2018 年和本次局部修订后，关于木结构的相关规定将进一步对标国际先进水平。

美国、加拿大、欧洲和澳大利亚等已建立了较为系统的基于计算的木结构防火设计方法。我国国家标准《木结构设计标准》GB 50005—2017[1-4]和《胶合木结构技术规范》GB/T 50708—2012[1-76]参照美国木结构设计标准[1-77]和美国林业及纸业协会出版的第 10号技术报告[1-78]，给出了木结构防火设计方法。对于方木原木结构和工程木结构构件，提出了基于计算的防火设计方法；对于方木原木结构和工程木结构的节点和轻型木结构，主要提出了防火构造措施。木结构与钢结构、钢筋混凝土结构等其他类型结构混合建造时，通常在木结构部分与其他结构部分之间设置防火分隔，木结构建筑和其他结构建筑分别按各自的规定进行防火设计。

目前常用的木构件耐火极限计算方法包括：① 剩余截面法：通过有效剩余截面来考虑木构件承载力随温度的退化，假设有效剩余截面内的木材材性与受火前一致，根据炭化速度来确定炭化层的厚度，并通过额外增加炭化深度来考虑矩形截面构件受火时拐角处同时受到两个方向的热量形成的"拐角效应"和高温分解层的影响。② 强度折减法：通过强度折减考虑木构件承载力随温度的退化，不考虑有效截面面积的变化。国内外代表性标准采用的防火设计方法对比见表 1-1。

不同设计标准采用的防火设计方法对比　　　　　　　　　　　　表 1-1

标准名称	设计理论	计算方法
《木结构设计标准》GB 50005—2017[1-4]、《胶合木结构技术规范》GB/T 50708—2012[1-76]和美国标准 NDS-2015[1-77]	剩余截面法	$$d_{ef} = 1.2\beta_n t^{0.813}$$ 式中：d_{ef} 为有效炭化层厚度，mm；β_n 为木材燃烧 1h 的名义线性炭化速度，针叶材建议取 38mm/h；t 为受火时间，h
加拿大标准 NBCC 2010[1-79]	剩余截面法	梁：三面受火：$t = 0.1ZB(4-B/D)$ 四面受火：$t = 0.1ZB(4-2B/D)$ 柱：三面受火：$t = 0.1ZB(3-B/2D)$ 四面受火：$t = 0.1ZB(3-B/D)$ 梁和 $\frac{l_0}{B} \geq 12$ 的柱　$Z = \begin{cases} 1.3 & R < 0.5 \\ 0.7+0.3/R & R \geq 0.5 \end{cases}$ $\frac{l_0}{B} < 12$ 的柱　$Z = \begin{cases} 1.5 & R < 0.5 \\ 0.9+0.3/R & R \geq 0.5 \end{cases}$ 式中：t 为构件耐火极限，min；Z 为考虑荷载比影响的参数；B 为木梁和木柱截面的初始宽度，mm；D 为木梁和木柱截面的初始高度，mm；l_0 为柱子的计算长度，mm；R 为荷载比，定义为火灾下荷载与常温下承载力设计值之比
欧洲标准 EN 1995-1-2：2004[1-80]	强度折减法	$t = 0$，$k_{mod} = 1.0$ $t \geq 20\text{min}$，$k_{mod} = \begin{cases} 1.0 - \dfrac{1}{200}\dfrac{p}{A_r} & \text{抗弯强度} \\ 1.0 - \dfrac{1}{125}\dfrac{p}{A_r} & \text{抗压强度} \\ 1.0 - \dfrac{1}{330}\dfrac{p}{A_r} & \text{抗拉强度和弹性模量} \end{cases}$ 其余受火时间采用线性插值。 式中：k_{mod} 为强度折减系数；p 为燃烧后剩余截面的周长，m；A_r 为燃烧后剩余截面的面积，m^2

续表

标准名称	设计理论	计算方法
欧洲标准 EN 1995-1-2：2004[1-80]	剩余截面法	$d_{ef} = \beta_n t + 7k_0$ $k_0 = \begin{cases} t/20 & t < 20 \\ 1 & t \geqslant 20 \end{cases}$ 式中：β_n 为木材燃烧 1h 的名义炭化速度，考虑"拐角效应"以及炭化层裂缝等影响，mm/min，根据下表取值；t 为受火时间，min；k_0 为考虑炭化层内部受高温影响木材的系数

树种		名义炭化速度 /（mm/min）
针叶材	密度不小于 290kg/m³ 的胶合木	0.7
	密度不小于 290kg/m³ 的原木	0.8
阔叶材	密度不大于 290kg/m³ 的原木和胶合木	0.7
	密度不小于 450kg/m³ 的原木和胶合木	0.55

注：其余密度阔叶材的名义炭化速度可采用线性插值方法确定

标准名称	设计理论	计算方法
澳洲标准 AS/NZS 1720.4-2019[1-81]	剩余截面法	$d_{ef} = \beta_n t + 7.5$ $\beta_n = 0.4 + \left(\dfrac{280}{\rho_{12}}\right)^2$ 式中：ρ_{12} 为含水率为 12% 时的密度，kg/m³，其余参数同欧洲标准

近年来我国相继发布了国家标准《装配式木结构建筑技术标准》GB/T 51233—2016 和《多高层木结构建筑技术标准》GB/T 51226—2017，木结构的发展迎来新的契机。为保证木结构建筑的防火安全，本书从木材炭化性能，木结构梁柱构件、节点和楼盖抗火性能入手，基于明火试验、数值模拟和理论分析，揭示了木结构的抗火性能，提出了木结构防火设计方法。

参 考 文 献

[1-1] Building performance series: No.2, Fire safety in residential bulidings [R]. Ottawa: Canadian Wood Council, 2000.

[1-2] Buchanan A. Fire resistance of solid timber structures [R]. New Zealand: Uinversity of Canterbury, 2005.

[1-3] 许清风，徐强，李向民．木结构火灾性能研究进展 [J]．四川建筑科学研究，2011，37（4）：87-92.

[1-4] 中华人民共和国住房和城乡建设部．木结构设计标准：GB 50005—2017 [S]．北京：中国建筑工业出版社，2018.

[1-5] Konig J. Effective thermal actions and thermal properties of timber members in natural fires [J]. Fire and Materials, 2006, 30 (1): 51-63.

［1-6］ Lau C, Van Zeeland I, White R. Modelling the char behaviour of structural timber [J]. Fire and Materials, 1999, 23 (5): 209-216.

［1-7］ Spearpoint M, Quintiere J. Predicting the burning of wood using an integral model [J]. Combustion and Flame, 2000, 123 (3): 308-324.

［1-8］ Van Zeeland I, Salinas J, Mehaffey J. Compressive strength of lumber at high temperatures [J]. Fire and Materials, 2005, 29 (2): 71-90.

［1-9］ Janssens M. Modeling of the thermal degradation of structural wood members exposed to fire [J]. Fire and Materials, 2004, 28 (2-4): 199-207.

［1-10］ Zicherman J, Williamson R. Microstructure of wood char [J]. Wood Science and Technology, 1981,15 (4): 237-249.

［1-11］ Schmid J, Klippel M, Just A, et al. Review and analysis of fire resistance tests of timber members in bending, tension and compression with respect to the reduced cross-section method [J]. Fire Safety Journal, 2014, 68: 81-99.

［1-12］ Tran H, White R. Burning rate of solid wood measured in a heat release rate calorimeter [J]. Fire and Materials, 1992, 16 (4): 197-206.

［1-13］ White R, Tran H. Charring rate of wood exposed to to a constant heat f lux [C]. Slovakia: Wood & Fire Safety: 3rd International Scientific Conference, 1996: 175-183.

［1-14］ White R, Nordheim E. Charring rate of wood for ASTM E119 exposure [J]. Fire Technology, 1992, 28 (1): 5-30.

［1-15］ Yang T, Wang S, Tsai M, et al. The charring depth and charring rate of glued laminated timber after a standard fire exposure test [J]. Building and Environment, 2009, 44 (2): 231-236.

［1-16］ Xu Q, Chen L, Harries K, et al. Combustion and charring properties of five common constructional wood species from cone calorimeter tests [J]. Construction and Building Materials, 2015, 96: 416-427.

［1-17］ Frangi A, Fontana M. Charring rates and temperature profiles of wood sections [J]. Fire and Materials, 2003, 27 (2): 91-102.

［1-18］ Hugi E, Wuersch M, Risi W, et al. Correlation between charring rate and oxygen permeability for 12 different wood species [J]. Journal of Wood Science, 2006, 53 (1): 71-75.

［1-19］ Njankouo J, Dotreppe J, Franssen J. Experimental study of the charring rate of tropical hardwoods [J]. Fire and Materials, 2004, 28 (1): 15-24.

［1-20］ Njankouo J, Dotreppe J, Franssen J. Fire resistance of timbers from tropical countries and comparison of experimental charring rates with various models [J]. Construction and Building Materials, 2005, 19 (5): 376-386.

［1-21］ Lange D, Bostrom L, Schmid J, et al. The influence of parametric fire scenarios on structural timber performance and reliability [R]. Sweden: SP Technical Research Institute of Sweden, 2014.

［1-22］ Tsantaridis L, Ostman B. Charring of protected wood studs [J]. Fire and Materials, 1998, 22 (2): 55-60.

［1-23］ Nussbaum R. The effect of low concentration fire retardant impregnations on wood charring rate and char yield [J]. Journal of Fire Sciences, 1988, 6 (4): 290-307.

［1-24］ 张盛东, 程龙, 刘静. 东北落叶松耐火性能的试验研究［J］. 结构工程师, 2013, 29（4）: 140-145.

［1-25］ 张晋, 许清风, 李维滨, 等. 木梁四面受火炭化速度及剩余受弯承载力试验研究［J］. 土木工程学报, 2013, 46（2）: 24-33.

［1-26］ 张晋, 许清风, 商景祥. 木柱单面及相邻两面受火后的剩余承载力试验［J］. 沈阳工业大学学报, 2013, 35（4）: 461-468.

［1-27］ White R. Use of coatings to improve fire resistance of wood [C]. Philadelphia: Fire resistive coatings: the need for standards. ASTM STP 826, 1983: 24-39.

［1-28］ 许清风, 李向民, 穆保岗, 等. 石灰膏抹面木梁受火后受力性能静力试验研究［J］. 建筑结构学报, 2011, 32（7）: 73-79.

［1-29］ 李向民, 李帅希, 许清风, 等. 四面受火木柱耐火极限的试验研究［J］. 建筑结构, 2010, 40（3）: 115-117.

［1-30］ 许清风, 韩重庆, 陈玲珠, 等. 传统地仗保护圆木柱受火后力学性能的试验研究［J］. 土木工程学报, 2019, 52（7）: 90-99.

［1-31］ 王正昌, 许清风, 韩重庆, 等. 一麻五灰传统保护处理圆木柱的耐火极限试验研究［J］. 建筑结构, 2017, 47（17）: 14-19.

［1-32］ 倪照鹏, 彭磊, 邱培芳, 等. 木结构建筑构件耐火性能试验研究［J］. 土木工程学报, 2012, 45（12）: 108-113.

［1-33］ 许清风, 张晋, 商景祥, 等. 三面受火木梁耐火极限试验研究［J］. 建筑结构, 2012, 42（12）: 127-130.

［1-34］ Malhotra H, Rogowski B. Fire resistance of laminated timber columns [R]. Fire Research Note No.671, Borehamwood, UK: Fire Research Station, 1967.

［1-35］ Ali F, Kavanagh S. Fire resistance of timber columns [J]. Journal of the Institute of Wood Science, 2005, 17 (2): 85-93.

［1-36］ 陈玲珠, 许清风, 韩重庆, 等. 四面受火胶合木柱耐火极限试验研究［J］. 建筑结构, 2017, 47（17）: 9-13.

［1-37］ 陈玲珠, 许清风, 胡小锋. 四面受火胶合木中长柱耐火极限试验研究［J］. 建筑结构学报, 2020, 41（1）: 95-103.

［1-38］ 许清风, 李向民, 张晋, 等. 木柱四面受火后力学性能的试验研究［J］. 土木工程学报, 2012, 45（3）: 41-45.

［1-39］ 许清风，李向民，张晋，等. 木梁三面受火后力学性能的试验研究［J］. 土木工程学报，2011，44（7）：64-70.

［1-40］ 陈玲珠，许清风，韩重庆，等. 经一麻五灰地仗处理的木梁三面受火耐火极限试验研究［J］. 建筑结构学报，2021，42（9）：1-9.

［1-41］ Richardson L, Batista M. Fire resistance of timber decking for heavy timber construction [J]. Fire and Materials, 2001, 25 (1): 21-29.

［1-42］ Benichou N. Predicting the structural fire performance of solid wood-framed f loor assemblies [C]. Aveiro: SIF06-4th International Workshop-Structures in Fire, 2006: 909-920.

［1-43］ Shields T, Silcock G, Moghaddam A, et al. A comparison of fire retarded and non-retarded wood-based wall linings exposed to fire in an exclosure [J]. Fire and Materials, 1999, 23 (1): 17-25.

［1-44］ Sultan A. Fire resistance of wood joists floor assemblies [J]. Fire Technology, 2008, 44 (4): 383-417.

［1-45］ Xu Q, Wang Y, Chen L, et al. Comparative experimental study of fire-resistance ratings of timber assemblies with different fire protection measures [J]. Advances in Structural Engineering, 2016, 19 (3): 500-512.

［1-46］ Emberley R, Putynska C, Bolanos A, et al. Description of small and large-scale cross laminated timber fire tests [J]. Fire Safety Journal, 2017, 91: 327-335.

［1-47］ Hadden R, Bartlett A, Hidalgo J, et al. Effects of exposed cross laminated timber on compartment fire dynamics [J]. Fire Safety Journal, 2017, 91: 480-489.

［1-48］ Frangi A, Fontana M, Knobloch M, et al. Fire behaviour of cross-laminated solid timber panels [J]. Fire Safety Science, 2008, 9: 1279-1290.

［1-49］ Frangi A, Fontana M, Hugi E, et al. Experimental analysis of cross-laminated timber panels in fire [J]. Fire Safety Journal, 2009, 44 (8): 1078-1087.

［1-50］ Fragiacomo M, Menis A, Clemente I, et al. Experimental and numerical behaviour of cross-laminated timber floors in fire conditions [C]. Auckland, New Zealand: World Conference on Timber Engineering, 2012.

［1-51］ Osborne L, Dagenais C, Benichou N. Preliminary CLT fire resistance testing report [R]. Quebec, Canada: FPInnovations and National Research Council of Canada, 2012.

［1-52］ Craft S, Desjardins R, Mehaddey J. Investigation of the behaviour of CLT panels exposed to fire [R]. Ottawa, Canada: FPInnovations, 2010.

［1-53］ Noren J. Load-bearing capacity of nailed joints exposed to fire [J]. Fire and Material, 1996, 20 (3): 133-143.

［1-54］ Frangi A, Erchinger C, Fontana M. Experimental fire analysis of steel-to-timber connections using dowels and nails [J]. Fire and Materials, 2010, 34 (1): 1-19.

［1-55］ Audebert M, Dhima D, Taazount M, et al. Behavior of dowelled and bolted steel-to-timber connections exposed to fire [J]. Engineering Structures, 2012, 39: 116-125.

［1-56］ Moraes P, Rodrigues J, Correia N. Behavior of bolted timber joints subjected to high temperatures [J]. European Journal of Wood and Wood Products, 2012, 70 (1-3): 225-232.

［1-57］ Peng L, Hadjisophocleous G, Mehaffey J, et al. Fire performance of timber connections, Part 1: Fire resistance tests on bolted wood-steel-wood and steel-wood-steel connections [J]. Journal of Structural Fire Engineering, 2012, 3 (2): 107-132.

［1-58］ Peng L, Hadjisophocleous G, Mehaffey J , et al. Fire performance of timber connections, Part 2: Thermal and structural modelling [J]. Journal of Structural Fire Engineering, 2012, 3 (2): 133-154.

［1-59］ 汝华伟，刘伟庆，陆伟东，等．胶合木结构螺栓连接耐火极限的试验［J］．南京工业大学学报（自然科学版），2011，33（5）：70-74.

［1-60］ Palma P, Frangi A, Hugi E, et al. Fire resistance tests on beam-to-column shear connections [C]. Shanghai: 8th International Conference on Structures in Fire, 2014.

［1-61］ 张晋，许清风，栢益伟，等．胶合木钢夹板螺栓连接节点的抗火性能［J］．华南理工大学学报（自然科学版），2015，43（2）：58-65.

［1-62］ 张晋，蔡建国，刘增辉，等．木材-T型钢填板螺栓连接节点耐火极限试验［J］．沈阳工业大学学报，2015，37（5）：594-600.

［1-63］ 陈玲珠，许清风，韩重庆，等．螺栓连接胶合木梁柱节点耐火极限的试验研究［J］．建筑技术，2019，50（4）：402-405.

［1-64］ 张晋，王斌，宗钟凌，等．木结构榫卯节点耐火极限试验研究［J］．湖南大学学报（自然科学版），2016，43（1）：117-123.

［1-65］ 陈玲珠，王欣，韩重庆，等．透榫和单向直榫木节点耐火极限的试验研究［J］．建筑结构，2021,51（9）：98-102,119.

［1-66］ Regueira R, Guaita M. Numerical simulation of the fire behaviour of timber dovetail connections [J]. Fire Safety Journal, 2018, 96: 1-12.

［1-67］ Frangi A, Fontana M. Fire performance of timber structures under natural fire conditions [J]. Fire Safety Science, 2005, 8: 279-290.

［1-68］ Bullock M, Lennon T, Enjily V. The fire resistance of medium-rise timber frame buildings summary report [R]. Buckinghamshire: Chiltern International Fire, 2000.

［1-69］ Frangi A, Bochicchio G, Ceccotti A, et al. Natural full-scale fire test on a 3 storey XLam timber building [R]. Madison, Wisconsin, USA: Engineered Wood Products Association, 2008.

［1-70］ Peng W, Hu L, Yang R, et al. Full scale test on fire spread and control of wooden buildings [J]. Procedia Engineering, 2011, 11: 355-359.

［1-71］ Hasemi Y, Yasui N, Itagaki N, et al. Full-scale fire tests of 3-storey wooden school building [C]. Quebec: World Conference on Timber Engineering, 2014.

［1-72］ Kolaitis D, Asimakopoulou E, Founti M. Fire protection of light and massive timber elements using gypsum plasterboards and wood based panels: A large-scale compartment fire test [J]. Construction and Building Materials, 2014, 73: 163-170.

［1-73］ 许永贤. 福建土楼木架房间单元火灾模拟试验研究［D］. 厦门：华侨大学，2016.

［1-74］ 张扬，陈钦佩，杨瑞新，等. 木结构建筑被动防火措施全尺寸实验［J］. 消防科学与技术，2016，35（8）：1062-1065.

［1-75］ 中华人民共和国住房和城乡建设部. 建筑设计防火规范：GB 50016—2014（2018年版）［S］. 北京：中国计划出版社，2018.

［1-76］ 中华人民共和国住房和城乡建设部. 胶合木结构技术规范：GB/T 50708—2012［S］. 北京：中国建筑工业出版社，2012.

［1-77］ National design specification for wood construction: NDS-2015 [S]. Washington: American Forest & Paper Association, Inc, 2015.

［1-78］ Technical Report No. 10. Calculating the fire resistance of wood members and assemblies [R]. Washington, US: American Wood Council, 2020.

［1-79］ National building code of Canada volume 2: NBCC 2010 [S]. Ottawa: National Research Council of Canada, 2010.

［1-80］ Eurocode 5: Design of timber structures—Part 1-2: General - Structural fire design: EN 1995-1-2 [S]. Brussels: European Committee for Standardization, 2004.

［1-81］ Timber structures Part 4: Fire resistance of timber elements: AS/NZS 1720.4-2019 [S]. Sydney: Standards Australia, 2019.

第2章　常用树种木材炭化速度的试验研究

　　木材在表面温度达到200～400℃时引燃，逐渐形成炭化层。炭化层在外部热环境与高温分解层之间形成热阻层，可降低热释放速度。当温度高于300℃时，炭化层开始分解。炭化层由于收缩和应力梯度在表面形成裂缝，使挥发性气体更易逸出；随着炭化深度的增加，裂缝宽度加大，形成形似鳄鱼皮的裂缝分布。

　　受火后由于炭化作用，木构件有效截面面积显著降低，紧邻炭化层的高温分解层力学性能明显劣化，使木构件承载能力显著降低，导致木结构破坏。目前欧洲、美国、澳大利亚和我国木结构技术标准中，木结构防火设计时均推荐采用剩余截面法，即假设炭化层强度为零，扣除炭化层的剩余截面为有效剩余截面，根据有效剩余截面来计算构件的剩余承载力。因此，木材的炭化速度是决定木结构防火性能的关键参数。

　　木材炭化速度的试验研究主要采用三种方法：① 锥形量热仪试验。采用小试样通过锥形量热仪恒定热流通量下受火试验，测量木材的炭化深度和炭化速度[2-1～2-6]。② 标准火灾试验。标准火灾试验是指按不同国家标准规定的标准耐火试验条件要求开展的火灾试验，耐火试验炉内的空气平均温度按标准火灾升温曲线进行升温。实际火灾升温曲线具有多样性，为了统一和便于横向比较，许多国家和组织都制定了标准火灾升温曲线，用于构件耐火试验以评定构件的耐火极限。国家标准《建筑构件耐火试验方法　第1部分：通用要求》GB/T 9978.1—2008[2-7]规定的标准火灾升温曲线与国际标准化组织提供的ISO 834[2-8]所规定的标准火灾升温曲线相同。本书中如无特殊说明，标准火灾升温曲线按国家标准《建筑构件耐火试验方法　第1部分：通用要求》GB/T 9978.1—2008的要求确定。根据不同国家标准规定的标准火灾试验方法，采用足尺构件通过耐火试验炉标准火灾升温曲线下火灾试验，得到木材标准火灾下的炭化深度和炭化速度[2-9～2-22]。③ 实际火灾或模拟实际火灾试验。通过木结构实际火灾或模拟实际火灾升温曲线下火灾试验，测得木材的炭化深度和炭化速度[2-23; 2-24]。其中第二种和第三种方法中热流通量是随时间变化的，而第一种方法中热流通量是恒定的。研究表明，通过对第二种和第三种方法整个升温过程中的热流通量取平均值，可以将三种方法测得的炭化深度和炭化速度进行归一化分析[2-25; 2-26]。

2.1　常用树种木材锥形量热仪试验研究

2.1.1　试验方案

1　试验材料

选取花旗松（Douglas fir，简写 DF）、樟子松（Pinus sylvestris，简写 PS）、南方松（Southern pine，简写 SP）、柳桉（Meranti，简写 MA）和菠萝格（Merbau 简写 MB）5 种常用建筑及装修用树种木材进行试验，其中花旗松、樟子松和南方松为针叶材，柳桉和菠萝格为阔叶材。按照国家标准《木材密度测定方法》GB/T 1933—2009 和《木材含水率测定方法》GB/T 1931—2009 规定实测 5 种木材的密度和含水率，结果见表 2-1。

各树种木材密度和含水率　　　　　　　　　　　　　　　　表 2-1

树种	木材种类	密度 /（kg/m³）	含水率 /%
花旗松（DF）	针叶材	470	14.0
樟子松（PS）	针叶材	460	17.5
南方松（SP）	针叶材	420	17.0
柳桉（MA）	阔叶材	420	15.2
菠萝格（MB）	阔叶材	860	19.5

2　试件设计

锥形量热仪试件平面尺寸为 100mm×100mm，厚度为 50mm，制作误差在 ±1mm 以内。热流通量分别采用 25kW/m²、50kW/m² 和 75kW/m² 三种等级，对应的热辐射温度分别为 588℃、757℃ 和 853℃。在每一种热流通量下，试件分别受热 5min、10min、15min、20min、25min、30min、35min、40min、45min、50min、55min、60min。到达设定受热时间后及时取出木材试件，浇水熄灭放置至室温后，从中间锯开测量其炭化深度。部分树种试件在较高热流通量下受热时间较长时全部燃烧，则该组统计到全部燃烧前一级。各试件试验参数见表 2-2。

各试件试验参数　　　　　　　　　　　　　　　　　　　　表 2-2

试件编号	树种	热流通量 /（kW/m²）	受热时间 /min
DF-25-t	花旗松（DF）	25	$t = 5 \sim 60$
DF-50-t		50	$t = 5 \sim 50$
DF-75-t		75	$t = 5 \sim 40$
PS-25-t	樟子松（PS）	25	$t = 5 \sim 60$
PS-50-t		50	$t = 5 \sim 60$
PS-75-t		75	$t = 15 \sim 40$

试件编号	树种	热流通量 / (kW/m²)	受热时间 /min
SP-25-t		25	$t = 5 \sim 60$
SP-50-t	南方松（SP）	50	$t = 5 \sim 45$
SP-75-t		75	$t = 5 \sim 35$
MA-25-t		25	$t = 5 \sim 60$
MA-50-t	柳桉（MA）	50	$t = 5 \sim 40$
MA-75-t		75	$t = 15 \sim 30$
MB-25-t		25	$t = 5 \sim 60$
MB-50-t	菠萝格（MB）	50	$t = 5 \sim 60$
MB-75-t		75	$t = 15 \sim 30$

3 试验装置及方法

试验采用双柜式锥形量热仪，采用电热辐射锥对试件施加可控制等级的热辐射（图 2-1）。试件置于电子称量设备上，可以实时记录试件的重量变化；试验过程中还可对一氧化碳产率、二氧化碳产率、氧气产率等进行分析。试验装置置于没有明显气流扰动的室内环境中，空气相对湿度 20%～80%，温度 15～30℃。

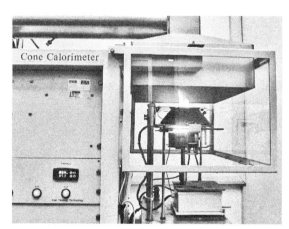

（a）整体　　　　　　　　　　　（b）局部

图 2-1　试验装置

试件单面受热，用铝箔包裹底面和侧面并高出试件表面 3mm，将试件安装在定位架上并固定到安装架上，试件表面与辐射锥下表面之间的距离为 100mm。

受热过程中，热流通量保持恒定。木材试件在受热过程中释放出可燃性气体，可燃性气体被电火花引燃，木材中的纤维质材料为可燃材料，随着木材试件燃烧的进行，炭化深度逐渐加深。试验结束后，取出试件用石膏盖板覆盖熄灭并浇水冷却至室温，切开试件量测炭化深度。

炭化深度测量方法为：先将试件沿平面一边中线切开，用游标卡尺在沿中线切开截面长度方向 1/3 和 2/3 处沿高度量测炭化深度，并取两者平均值作为该试件的炭化深度，将该炭化深度除以对应的受热时间得到其炭化速度。通过对比分析，获得 5 种常用树种木材在不同热流通量下炭化深度随受热时间的变化规律。

2.1.2　试验结果

1　试验现象

对于绝大多数正常点燃的木材试件，在起火的瞬间，烟雾的释放量急剧减少，火焰则迅速增大，一般较大的火焰维持 100～200s 后逐渐减弱，并随后进入一段较长的平稳期。各阶段观察到的现象见图 2-2。当受热面有木节时，大多数试件在木节处首先被引燃，起火时间较同种试件偏早，且熄灭时间偏晚。

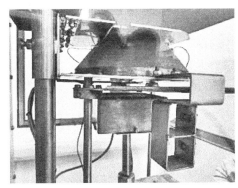

（a）受热初期

（b）燃烧初期

（c）火焰较大期

（d）燃烧平稳期

图 2-2　试验现象

试验过程中观察发现，当热流通量为 25kW/m² 时，菠萝格在 60min 内未被引燃（但木材表面发生炭化，见图 2-3），其他树种均在 5min 内被引燃，但在受热时间 400～1400s 后自然熄灭。当热流通量为 50kW/m² 时，所有试件均被引燃，除部分菠萝格试件在受热阶段内自然熄灭外，其余试件在被引燃后的整个受热时间内均保持燃烧。当热流通量为 75kW/m² 时，所有试件在被引燃后的整个受热时间内均保持燃烧。试验结束后各试件炭化对比见图 2-4。

（a）未被点燃　　　　　　　　　　　（b）试验结束后表面炭化

图 2-3　MB-25-60 试件

（a）SP-25-t　　　　　　　　　（b）SP-50-t　　　　　　　　　（c）SP-75-t

（d）MB-25-t　　　　　　　　　（e）MB-50-t　　　　　　　　　（f）MB-75-t

图 2-4　试验结束后部分试件炭化深度对比

2　炭化深度

试验测得的各树种木材在不同热流通量下炭化深度见表 2-3。

同一热流通量下各树种木材炭化深度随受热时间的变化曲线见图 2-5。由图 2-5 可知，炭化深度随受热时间增加而增加，热流通量越高（即受热温度越高）炭化深度越大；花旗松、樟子松、南方松和柳桉的炭化深度较接近，而菠萝格的炭化深度明显低于其他树种。

试验测得的炭化深度（mm）　　　　　　　表 2-3

试件编号	受热时间 /min											
	5	10	15	20	25	30	35	40	45	50	55	60
DF-25-t	5	12	16	19	22	27	26	27	30	35	42	47
DF-50-t	11	15	19	23	26	32	39	46	/	/	—	—
DF-75-t	12	20	24	27	33	39	/	/	—	—	—	—
PS-25-t	6	10	15	16	18	21	23	25	28	32	38	40
PS-50-t	11	14	19	19	24	27	29	31	36	39	41	48
PS-75-t	—	—	22	24	28	30	31	/	—	—	—	—
SP-25-t	6	11	15	19	20	22	23	24	29	29	/	/
SP-50-t	12	15	19	22	26	31	38	40	45	—	—	—
SP-75-t	11	18	22	28	30	39	—	—	—	—	—	—
MA-25-t	8	13	16	19	21	20	26	28	30	33	41	39
MA-50-t	11	17	21	23	27	32	40	43	/	/	—	—
MA-75-t	—	—	23	27	30	37	—	—	—	—	—	—
MB-25-t	2	2	5	6	6	9	15	15	14	16	13	17
MB-50-t	6	6	9	8	11	14	16	19	17	18	19	22
MB-75-t	—	—	11	15	16	22	—	—	—	—	—	—

注：表中"—"表示试验中没有该试件，"/"表示已完全燃烧。

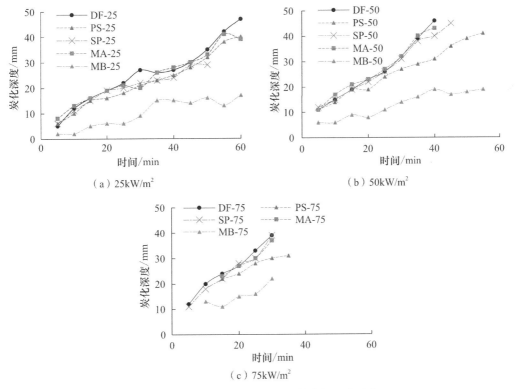

（a）25kW/m²　　　　　　　　　　（b）50kW/m²

（c）75kW/m²

图 2-5　各树种同一热流通量下的炭化深度对比

3 炭化速度

从炭化深度随受热时间的变化曲线可知，炭化深度与受热时间近似呈线性关系，将炭化深度除以受热时间，可近似得到受热时间内的平均炭化速度。计算得到的平均炭化速度见表 2-4，平均炭化速度随受热时间的变化曲线如图 2-6 所示。

计算得到的平均炭化速度（mm/min）　　　　　　　　　　　　表 2-4

试件编号	受热时间 /min											
	5	10	15	20	25	30	35	40	45	50	55	60
DF-25-t	1.00	1.20	1.07	0.95	0.88	0.90	0.74	0.68	0.67	0.70	0.76	0.78
DF-50-t	2.20	1.50	1.27	1.15	1.04	1.07	1.11	1.15	/	/	—	—
DF-75-t	2.40	2.00	1.60	1.35	1.32	1.30	/	/	—	—	—	—
PS-25-t	1.20	1.00	1.00	0.80	0.72	0.70	0.66	0.63	0.62	0.64	0.60	0.67
PS-50-t	2.20	1.40	1.27	0.95	0.96	0.90	0.83	0.78	0.80	0.78	0.75	0.80
PS-75-t	—	—	1.47	1.20	1.11	1.02	0.88	/	—	—	—	—
SP-25-t	1.20	1.10	1.00	0.95	0.80	0.73	0.66	0.60	0.64	0.58	/	/
SP-50-t	2.40	1.50	1.27	1.10	1.04	1.03	1.09	1.00	1.00	—	—	—
SP-75-t	2.20	1.80	1.47	1.40	1.20	1.30	—	—	—	—	—	—
MA-25-t	1.50	1.30	1.07	0.95	0.84	0.67	0.74	0.70	0.67	0.66	0.75	0.65
MA-50-t	2.20	1.70	1.40	1.15	1.08	1.07	1.14	1.08	/	/	—	—
MA-75-t	—	—	1.53	1.35	1.20	1.23	—	—	—	—	—	—
MB-25-t	0.40	0.20	0.33	0.30	0.24	0.30	0.43	0.38	0.31	0.32	0.24	0.28
MB-50-t	1.20	0.60	0.60	0.40	0.44	0.47	0.46	0.48	0.38	0.36	0.35	0.37
MB-75-t	—	—	0.73	0.75	0.64	0.73	—	—	—	—	—	—

注：表中"—"表示试验中没有该试件，"/"表示已完全燃烧。

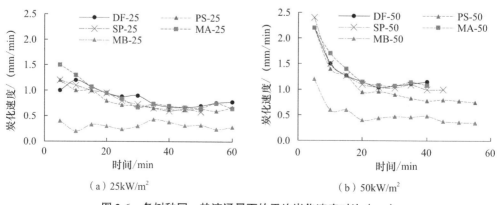

（a）25kW/m²　　　　　　　　　　　（b）50kW/m²

图 2-6　各树种同一热流通量下的平均炭化速度对比（一）

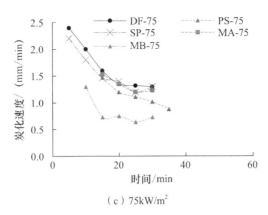

（c）75kW/m²

图 2-6　各树种同一热流通量下的平均炭化速度对比（二）

由图 2-6 可知，热流通量越高炭化速度也越高，且平均炭化速度随受热时间增加有下降趋势。主要原因是，刚开始燃烧时木材炭化层刚开始形成、厚度较薄；而炭化层的热传导性较低，将使试件表面向内部传递的热量减少，且炭化层的存在能阻碍内部热解气体与外部空气的混合，在一定程度上影响燃烧的发展。各树种炭化速度在受热时间在 30～60min 趋于稳定。花旗松、樟子松、南方松和柳桉的炭化速度较接近，而菠萝格的炭化速度较其他树种的炭化速度明显偏低。

2.2　木梁标准火灾试验研究

2.2.1　试验方案

1　试验材料

试验用木材树种包括新花旗松、从某旧别墅上拆除的已使用超过 90 年的旧花旗松、南方松和樟子松。其中樟子松试件为胶合木试件，其余均为锯材试件。实测木材的密度和含水率见表 2-5。花旗松、南方松和樟子松均为针叶材。

实测木材密度和含水率　表 2-5

树种	密度 /（kg/m³）	含水率 /%
新花旗松 1	448	14.8
新花旗松 2	446	16.3
旧花旗松	464	11.1
南方松	681	18.2
樟子松	469	14.4

分别考虑石灰膏抹面、阻燃涂料和一麻五灰地仗等表面防火处理措施。各表面防火处理措施的具体施工工艺如下：

石灰膏抹面：首先在木梁上每隔 800mm 用铁钉布置垂直于木梁方向的 50mm 宽、10mm 厚的木条，然后在该层木条上沿梁长向用铁钉布置 50mm 宽、10mm 厚的通长木条，木条间预留 10mm 宽的间距以助于石灰膏抹面的咬合；最后在外侧木条上涂抹 8mm 厚掺有重量百分比 0.15% 纸筋的石灰膏抹面，并确保抹面厚度均匀且完整性良好。

阻燃涂料采用膨胀型阻燃涂料和非膨胀型阻燃涂料两种。其中膨胀型阻燃涂料为球盾牌 B60-2 涂料，以水作溶剂。该阻燃涂料属于饰面型涂料，涂刷、喷刷、滚涂均可，遇火膨胀发泡，形成耐烧隔热层。每隔 4h 滚涂一遍，共涂 3 遍，涂刷量约为 $450\sim500g/m^2$，试验中滚涂厚度约为 1mm。非膨胀型阻燃涂料 I 为市场上常见的木材保护水性清漆，组分包括硼酸盐、聚磷酸铵等难燃物。该涂料无色无味，不改变木材自然外观，施工时仅需表面涂刷一遍即可。根据产品说明书，涂刷前将涂料电动搅拌 15min 后，均匀涂刷于试件表面，涂刷量约 $300g/m^2$。

一麻五灰地仗包括一层麻、五道灰，总厚度约为 4mm，五道灰分别由生漆、瓦灰、石膏粉按一定质量比混合搅拌后均匀涂抹于木构件表面，各道灰的原料配比有一定差异。将麻布用清水浸泡两三分钟后平整地铺在扫荡灰上方，并用板子轧压蓬松的麻线，使麻布与扫荡灰匀合密实。

2 试件设计

试件截面尺寸分别为 75mm×150mm、100mm×200mm、150mm×300mm。考虑不同的受火时间、表面防火处理措施和受火方式的影响，具体试验参数见表 2-6。

木梁试件标准火灾试验参数　　　　　　　　　表 2-6

试件编号	树种	试件尺寸	受火方式	表面防火处理措施	受火时间 /min
75Nt	新花旗松 1	75mm×150mm×2000mm	三面受火	无	10、15、20
100Nt		100mm×200mm×2000mm			15、30
150Nt		150mm×300mm×2000mm			10、15、20、30
4000Nt		100mm×200mm×4000mm			30、45
100Dt	新花旗松 2	100mm×200mm×2000mm	四面受火	无	10、20、30
75Dt		75mm×150mm×2000mm			10、20
100Ot	旧花旗松	100mm×200mm×2000mm	三面受火	无	10、15
4000Ot		100mm×200mm×4000mm			15、30
4000NGt	新花旗松 1	100mm×200mm×4000mm	三面受火	石灰膏抹面	30、45
4000OGt	旧花旗松	100mm×200mm×4000mm	三面受火	石灰膏抹面	30、45
100DPt	新花旗松 2	100mm×200mm×2000mm	四面受火	膨胀型阻燃涂料	10、20、30
75DPt		75mm×150mm×2000mm			10、20
S100Bt	南方松	100mm×200mm×2000mm	三面受火	无	20、40
S100BIIt		100mm×200mm×2000mm		一麻五灰地仗	20、40
100Bt	樟子松	100mm×200mm×2000mm	三面受火	无	20、30、40
100BIt		100mm×200mm×2000mm		非膨胀型阻燃涂料 I	20、30、40

3　试验装置及方法

试验采用耐火试验炉，炉温采用标准火灾升温曲线。到达设定受火时间后立即切断燃气冷却。当炉壁为可移动时，可以在确保工作人员安全的前提下直接打开炉门并浇水冷却；当炉壁为固定时，需要通过拔风使炉内温度降低后再开炉冷却，拔风冷却过程中需要注意防止木构件复燃。火灾试验结束试件冷却至常温后，在梁长方向 1/3 和 2/3 位置处分别截取 50mm 厚切片量测剩余截面尺寸，并取两者平均值，将所得剩余截面尺寸的均值与火灾前原试件截面尺寸进行对比，得出木梁的炭化深度。

2.2.2　试验结果

1　炭化特征

典型试件梁长方向截取的切片对比见图 2-7。由图 2-7 可知：① 木梁炭化后截面基本可分为三个区域，即炭化层、高温分解层和常温层。炭化层颜色深黑，主要为木材燃烧后的木炭，质轻多孔；高温分解层颜色灰褐；常温层和普通木材一样，颜色并无明显变化。② 矩形截面木梁燃烧后角部呈现圆弧状，边角棱角不再存在。这主要是由于角部木材受到两个方向热量传递而炭化速度加快所致。③ 木材炭化后表面沿纹理方向和垂直纹理方向出现很多裂缝，这些裂缝主要是由木材炭化收缩而形成。④ 膨胀型阻燃涂料处理构件表面形成一层灰白色泡状物质，一麻五灰地仗处理构件表面出现一层白色覆盖物。

图 2-7　典型木梁试件不同受火时间后截面切片对比

2　炭化深度

试验测得的木梁试件炭化深度汇总见表 2-7。

木梁试件标准火灾炭化深度汇总（mm）　　　　表 2-7

试件编号	受火时间 /min											
	10		15		20		30		40		45	
	b	h	b	h	b	h	b	h	b	h	b	h
75Nt	12	13	15	16	18	17	—	—	—	—	—	—
100Nt	—	—	11	12	—	—	26	28	—	—	—	—
150Nt	11	14	14	16	15	19	37	39	—	—	—	—
4000Nt	—	—	—	—	—	—	16	21	—	—	25	37
100Dt	8	8	—	—	17	17	28	29	—	—	—	—
75Dt	8	8	—	—	18	18	—	—	—	—	—	—

23

续表

试件编号	受火时间 /min											
	10		15		20		30		40		45	
	b	h	b	h	b	h	b	h	b	h	b	h
100Ot	11	12	16	16	—	—	—	—	—	—	—	—
4000Ot	—	—	9	13	—	—	20	24	—	—	—	—
4000NGt	—	—	—	—	—	—	0	3	—	—	11	14
4000OGt	—	—	—	—	—	—	2	3	—	—	10	9
100DPt	6	6	—	—	12	12	23	24	—	—	—	—
75DPt	7	7	—	—	17	16	—	—	—	—	—	—
S100Bt	—	—	—	—	14	17	—	—	29	34	—	—
S100BIIt	—	—	—	—	9	13	—	—	19	26	—	—
100Bt	—	—	—	—	13	13	18	19	22	29	—	—
100BIt	—	—	—	—	12	12	17	18	20	24	—	—

注：表中"—"表示没有该试件；b 为水平方向，h 为竖直方向。

由表 2-7 可知，炭化深度随受火时间增加而增加。对于三面受火木梁，水平方向的炭化深度略小于竖向的炭化深度；对于四面受火木梁，水平方向的炭化深度与竖向的炭化深度基本相同。石灰膏抹面和一麻五灰地仗对减少炭化深度效果较明显，膨胀型和非膨胀型阻燃涂料对减少炭化深度效果不太明显。

已使用超过 90 年的旧花旗松木梁的炭化深度略高于新花旗松木梁，主要是由于旧花旗松的含水率较低。

3　炭化速度

试验结果表明炭化深度与受火时间近似呈线性关系，将炭化深度除以受火时间可得受火时间内的平均炭化速度。计算得到的平均炭化速度见表 2-8。

木梁试件标准火灾平均炭化速度汇总（mm/min）　　　　表 2-8

试件编号	受火时间 /min											
	10		15		20		30		40		45	
	b	h	b	h	b	h	b	h	b	h	b	h
75Nt	1.20	1.30	1.00	1.07	0.90	0.85	—	—	—	—	—	—
100Nt	—	—	0.73	0.80	—	—	0.87	0.93	—	—	—	—
150Nt	1.10	1.40	0.93	1.07	0.75	0.95	1.23	1.30	—	—	—	—
4000Nt	—	—	—	—	—	—	0.53	0.70	—	—	0.56	0.82

试件编号	受火时间 /min											
	10		15		20		30		40		45	
	b	h	b	h	b	h	b	h	b	h	b	h
100Dt	0.80	0.80	—	—	0.85	0.85	0.93	0.97	—	—	—	—
75Dt	0.80	0.80	—	—	0.90	0.90	—	—	—	—	—	—
100Ot	1.10	1.20	1.07	1.07	—	—	—	—	—	—	—	—
4000Ot	—	—	0.60	0.87	—	—	0.67	0.80	—	—	—	—
4000NGt	—	—	—	—	—	—	0.00	0.10	—	—	0.24	0.31
4000OGt	—	—	—	—	—	—	0.07	0.10	—	—	0.22	0.20
100DPt	0.60	0.60	—	—	0.60	0.60	0.77	0.80	—	—	—	—
75DPt	0.70	0.70	—	—	0.85	0.80	—	—	—	—	—	—
S100Bt	—	—	—	—	0.70	0.85	—	—	0.73	0.85	—	—
S100BIIt	—	—	—	—	0.45	0.65	—	—	0.48	0.65	—	—
100Bt	—	—	—	—	0.65	0.65	0.60	0.63	0.55	0.73	—	—
100BIt	—	—	—	—	0.60	0.60	0.57	0.60	0.50	0.60	—	—

注：表中"—"表示没有该试件。

由表 2-8 可知，木梁平均炭化速度随受火时间增加有下降趋势。无表面处理木梁平均炭化速度平均值约为 0.88mm/min，石灰膏抹面处理后木梁平均炭化速度平均值约为 0.16mm/min，一麻五灰地仗表面处理后木梁平均炭化速度平均值约为 0.54mm/min，阻燃涂料表面处理后木梁平均炭化速度平均值约为 0.66mm/min。石灰膏抹面和一麻五灰地仗表面处理对减小木梁炭化速度效果较明显，膨胀型和非膨胀型阻燃涂料表面处理对减小木梁炭化速度效果不太明显。

2.3　木柱标准火灾试验研究

2.3.1　试验方案

1　试验材料

试验材料与 2.2 节相同。

2　试件设计

试件截面尺寸分别为 100mm×100mm、150mm×150mm、200mm×200mm、300mm×300mm、150mm×125mm。考虑不同的受火时间、表面防火处理措施和受火方式的影响。具体试验参数见表 2-9。

木柱试件标准火灾试验参数 表 2-9

试件编号	树种	试件尺寸	受火方式	表面防火处理措施	受火时间 /min
100 NCt	新花旗松 1	100mm×100mm×500mm	四面受火	无	10、15、30
150 NCt		150mm×150mm×500mm			10、15、20、30、45
200 NCt		200mm×200mm×500mm			10、15、20、30、45
300 NCt		300mm×300mm×500mm			10、15、30
200 Bt	新花旗松 2	200mm×200mm×500mm	相邻两面受火	无	10、20、30、45
150 Bt		150mm×150mm×500mm			10、20、30、45
200 At		200mm×200mm×500mm	单面受火	无	10、20、30、45
150 Ot	旧花旗松	150mm×125mm×500mm	四面受火	无	10、15、30
200 BPt	新花旗松 2	200mm×200mm×500mm	相邻两面受火	膨胀型阻燃涂料	10、20、30、45
150 BPt		150mm×150mm×500mm			10、20、30、45
200 APt		200mm×200mm×500mm	单面受火	膨胀型阻燃涂料	10、20、30、45
200 BGt		200mm×200mm×500mm	相邻两面受火	石灰膏抹面	10、20、30、45
150 BGt		150mm×150mm×500mm			10、20、30、45
S200 Ct	南方松	φ200mm×600mm	四面受火	无	20、40、60
S350 Ct		φ350mm×600mm			20、40、60
S200 CIIt		φ200mm×600mm	四面受火	一麻五灰地仗	20、40、60
S350 CIIt		φ350mm×600mm			20、40、60
200 Ct	樟子松	200mm×200mm×600mm	四面受火	无	20、40、60
300 Ct		300mm×300mm×600mm			20、40、60
200 CIt		200mm×200mm×600mm	四面受火	非膨胀型阻燃涂料 I	20、40、60
300 CIt		300mm×300mm×600mm			20、40、60

3 试验装置及方法

试件未受火面采用耐火棉包裹。试验采用耐火试验炉，炉温采用标准火灾升温曲线。到达设定受火时间后立即切断燃气冷却。当炉壁为可移动时，可以在确保工作人员安全的前提下直接打开炉门并浇水冷却；当炉壁为固定时，需要通过拔风使炉内温度降低后再开炉冷却，拔风冷却过程中需要注意防止木构件复燃。火灾试验结束后，在柱高方向 1/2 位置处截取 50mm 厚切片量测剩余截面尺寸，将所得剩余截面尺寸与火灾前原试件截面尺寸进行对比，得出木柱的炭化深度。

2.3.2 试验结果

1 炭化特征

典型试件沿柱高方向截取的切片对比见图 2-8。由图 2-8 可知：① 与木梁相同，木柱炭化后截面基本可分为三个区域，即炭化层、高温分解层和常温层。② 矩形截面木柱燃烧后角部呈现圆弧状，边角棱角不再存在，圆形截面木柱燃烧后仍基本保持圆形截面。由于受火过程中捆绑耐火棉的钼丝松动，部分未受火面出现一定程度的炭化。③ 木材炭化后表面沿纹理方向和垂直纹理方向出现很多裂缝，这些裂缝主要是由木材炭化收缩而形成。

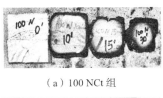

（a）100 NCt 组

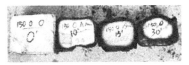

（b）150 Ot 组

（c）300 NCt 组

（d）150 Bt 组

（e）200 Bt 组

（f）S200 Ct 和 S300 Ct 组

图 2-8　典型木柱试件不同受火时间后截面切片对比

2　炭化深度

试验测得的木柱试件炭化深度汇总见表 2-10。由于单面受火和相邻两面受火试件的未受火面发生部分炭化，仅分析受火时间为 10min 的试件。

木柱试件标准火灾炭化深度汇总（mm）　　　　　表 2-10

试件编号	受火时间 /min													
	10		15		20		30		40		45		60	
	b	h	b	h	b	h	b	h	b	h	b	h	b	h
100 NCt	6	9	9	13	—	—	19	19	—	—	—	—	—	—
150 NCt	9	10	15	16	16	17	23	24	—	—	40	44	—	—
200 NCt	9	8	12	11	17	16	21	23	—	—	34	34	—	—
300 NCt	12	11	16	15	—	—	25	26	—	—	—	—	—	—
200 Bt	12	13	—	—	—	—	—	—	—	—	—	—	—	—
150 Bt	12	9	—	—	—	—	—	—	—	—	—	—	—	—
200 At	—	10	—	—	—	—	—	—	—	—	—	—	—	—
150 Ot	12	13	19	20	—	—	24	27	—	—	—	—	—	—
200 BPt	4	2	—	—	—	—	—	—	—	—	—	—	—	—
150 BPt	8	8	—	—	—	—	—	—	—	—	—	—	—	—
200 APt	—	1	—	—	—	—	—	—	—	—	—	—	—	—
200 BGt	7	5	—	—	—	—	—	—	—	—	—	—	—	—
150 BGt	8	8	—	—	—	—	—	—	—	—	—	—	—	—

试件编号	受火时间 /min												
	10		15		20		30		40		45		60	
	b	h	b	h	b	h	b	h	b	h	b	h	b	h
S200 Ct*	—	—	—	—	15		—	—	30		—	—	44	
S350 Ct*	—	—	—	—	19		—	—	32		—	—	53	
S200 CIIt*	—	—	—	—	10		—	—	26		—	—	36	
S350 CIIt*	—	—	—	—	12		—	—	20		—	—	33	
200 Ct	—	—	—	—	14	13	—	—	24	26	—	—	36	37
300 Ct	—	—	—	—	13	15	—	—	25	27	—	—	39	41
200 CIt	—	—	—	—	12	14	—	—	24	24	—	—	34	35
300 CIt	—	—	—	—	14	14	—	—	25	26	—	—	39	34

注：表中"—"表示没有该试件；* 由于试件截面为圆形，仅提供平均炭化深度。

由表 2-10 可知，木柱的炭化深度随受火时间增加而增加。石灰膏抹面和一麻五灰地仗可明显减小炭化深度，膨胀型阻燃涂料和非膨胀型阻燃涂料对减少炭化深度效果不太明显。

已使用超过 90 年的旧花旗松木柱的炭化深度略高于新花旗松木柱，主要是由于旧花旗松的含水率较低。

3 炭化速度

试验结果表明炭化深度与受火时间近似呈线性关系，将炭化深度除以受火时间可得受火时间内的平均炭化速度。计算得到的平均炭化速度见表 2-11。

木柱试件标准火灾平均炭化速度汇总（mm/min） 表 2-11

试件编号	受火时间 /min												
	10		15		20		30		40		45		60	
	b	h	b	h	b	h	b	h	b	h	b	h	b	h
100 NCt	0.60	0.90	0.60	0.87	—	—	0.63	0.63	—	—	—	—	—	—
150 NCt	0.90	1.00	1.00	1.07	0.80	0.85	0.77	0.80	—	—	0.89	0.98	—	—
200 NCt	0.90	0.80	0.80	0.73	0.85	0.80	0.70	0.77	—	—	0.76	0.76	—	—
300 NCt	1.20	1.10	1.07	1.00	—	—	0.83	0.87	—	—	—	—	—	—
200 Bt	1.20	1.30	—	—	—	—	—	—	—	—	—	—	—	—
150 Bt	1.20	0.90	—	—	—	—	—	—	—	—	—	—	—	—
200 At	—	1.00	—	—	—	—	—	—	—	—	—	—	—	—
150 Ot	1.20	1.30	1.27	1.33	—	—	0.80	0.90	—	—	—	—	—	—

续表

试件编号	受火时间 /min													
	10		15		20		30		40		45		60	
	b	h	b	h	b	h	b	h	b	h	b	h	b	h
200 BPt	0.40	0.20	—	—	—	—	—	—	—	—	—	—	—	—
150 BPt	0.80	0.80	—	—	—	—	—	—	—	—	—	—	—	—
200 APt	—	0.10	—	—	—	—	—	—	—	—	—	—	—	—
200 BGt	0.70	0.50	—	—	—	—	—	—	—	—	—	—	—	—
150 BGt	0.80	0.80	—	—	—	—	—	—	—	—	—	—	—	—
S200 Ct*	—	—	—	—	0.75		—	—	0.75		—	—	0.73	
S350 Ct*	—	—	—	—	0.95		—	—	0.80		—	—	0.88	
S200 CIIt*	—	—	—	—	0.50		—	—	0.65		—	—	0.60	
S350 CIIt*	—	—	—	—	0.60		—	—	0.50		—	—	0.55	
200 Ct	—	—	—	—	0.70	0.65	—	—	0.60	0.65	—	—	0.60	0.62
300 Ct	—	—	—	—	0.65	0.75	—	—	0.63	0.68	—	—	0.65	0.68
200 CIt	—	—	—	—	0.60	0.70	—	—	0.60	0.60	—	—	0.57	0.58
300 CIt	—	—	—	—	0.70	0.70	—	—	0.63	0.65	—	—	0.65	0.57

注：表中"—"表示没有该试件，* 由于试件截面为圆形，仅提供平均炭化速度。

由表 2-11 可知，木柱的平均炭化速度随受火时间增加有下降趋势。无表面处理木柱平均炭化速度平均值约为 0.85mm/min，石灰膏抹面处理后木柱平均炭化速度平均值约为 0.70mm/min，一麻五灰地仗表面处理后木柱平均炭化速度平均值约为 0.58mm/min，阻燃涂料处理后木柱平均炭化速度平均值约为 0.65mm/min。一麻五灰地仗表面处理可明显降低木柱炭化速度，石灰膏抹面和阻燃涂料降低木柱炭化速度效果不明显。

2.4　锥形量热仪和标准火灾试验测得的炭化速度对比分析

锥形量热仪试验在受火过程中热流通量保持恒定，而在木构件标准火灾试验中，炉温按标准火灾升温曲线变化，热流通量随时间不断增加。ISO 834 标准火灾升温曲线热流通量随时间的变化关系见图 2-9。升温初期，ISO 834 标准火灾升温曲线的热流通量较小，而升温 40min 后，热流通量达到 90kW/m² 左右。

为了将锥形量热仪中测得的炭化结果用于构件标准火灾试验下炭化性能的分析和防火设计中，很多学者进行了相关研究，将两类试验的数据进行统一分析和对比。Babrauskas[2-25] 根据锥形量热仪试验结果，提出了炭化速度与总热流通量、受火时间和密度的关系，见式（2-1），并指出若将式（2-1）中总热流通量 q''_{tot} 用平均热流通量来代替，即可得到标准火灾试验下木材的炭化速度。

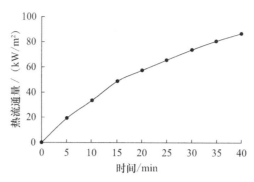

图 2-9　ISO 834 标准火灾升温曲线热流通量随时间的变化

$$\beta = 113\frac{(q''_{tot})^{0.5}}{\rho t^{0.3}}　　　　　　（2-1）$$

式中：β 为炭化速度，mm/min；q''_{tot} 为总热流通量，对于点燃的试件，取为锥形量热仪的热流通量加 25，kW/m^2；t 为受火时间，min；ρ 为密度，kg/m^3。

Silcock 等[2-26]通过分析研究，提出了局部火灾密度的概念，通过局部火灾密度与炭化深度的关系，将标准火灾试验与锥形量热仪试验测得的炭化深度进行统一，但应指出的是，式（2-2）是根据热流通量为 $50kW/m^2$ 的锥形量热仪试验得出的。

$$LFS = \int_0^t q''\mathrm{d}t = 0.033d^2 + 1.9d + 4.7　　　　　　（2-2）$$

式中：LFS 为局部火灾密度，MJ/m^2；q'' 为锥形量热仪的热流通量，kW/m^2；d 为炭化深度，mm。

Tsantaridis 等[2-5]给出了热流通量为 $50kW/m^2$ 时，锥形量热仪试验与标准火灾试验测得的炭化深度随时间的关系。

$$\frac{d_{c,\,cone}}{d_{c,\,furn}} = 1.997e^{-0.019t}　　　　　　（2-3）$$

式中：$d_{c,\,cone}$ 为锥形量热仪测得的炭化深度，mm；$d_{c,\,furn}$ 为标准火灾试验测得的炭化深度，mm。

Tsantaridis 等[2-5]还指出当锥形量热仪试验中热流通量取为 $50kW/m^2$，受热时间为 30~40min 时，锥形量热仪试验和标准火灾试验测得的炭化速度相近。由于炭化速度在受火时间在 30~60min 之间趋于稳定，因此取 2.1 节中热流通量为 $50kW/m^2$、受火时间在 30~60min 之间炭化速度的平均值，做为木材标准火灾试验下的炭化速度，计算值见表 2-12。表 2-12 中还给出了欧洲标准 EC 5[2-27]和澳洲标准[2-28]的建议值。其中欧洲标准中规定密度不小于 $290kg/m^3$ 针叶材的炭化速度为恒定常数；而对于阔叶材，规定密度不大于 $290kg/m^3$ 和不小于 $450kg/m^3$ 时为恒定常数，而密度在 290~450kg/m³ 之间的炭化速度通过线性插值得到。澳洲标准中不区分针叶材和阔叶材的区别，定义炭化速度与密度成反二次关系。标准中为了排除含水率对炭化速度的影响，密度定义为含水率为 12% 时的气干密度。花旗松、樟子松、南方松和柳桉的实测炭化速度明显高于标准预测值，而菠萝格的实测炭化速度略低于标准预测值。

各树种木材炭化速度 表 2-12

树种	密度 / （g/cm³）	含水率 / %	密度（含水率为 12%）/ （g/cm³）	实测炭化速度 / （mm/min）	EC 5	AS/NZS 1720.4
花旗松（DF）	0.47	14.0	0.46	0.98	0.65	0.77
樟子松（PS）	0.46	17.5	0.43	1.10	0.65	0.81
南方松（SP）	0.42	17.0	0.40	0.81	0.65	0.89
柳桉（MA）	0.42	15.2	0.41	1.11	0.53	0.87
菠萝格（MB）	0.86	19.5	0.80	0.41	0.50	0.52

注：实测炭化速度为热流通量 50kW/m²、受火时间在 30～60min 之间时炭化速度的平均值。

2.5　炭化速度实测值与标准建议值对比

2.5.1　无表面防火处理木材

由于矩形截面试件受火时拐角处同时受到两个方向的热量辐射，将形成"拐角效应"。表 1-1 中给出的炭化速度考虑了"拐角效应"和高温分解层的影响，而不考虑"拐角效应"和高温分解层的一维炭化速度计算公式汇总见表 2-13。

一维炭化速度计算公式汇总 表 2-13

资料来源	计算公式		符号说明
		树种	一维炭化速度 /（mm/min）
欧洲标准 EC5[2-27]	针叶材	密度不小于 290kg/m³ 的胶合木	0.65
		密度不小于 290kg/m³ 的原木	0.65
	阔叶材	密度不大于 290kg/m³ 的原木和胶合木	0.65
		密度不小于 450kg/m³ 的原木和胶合木	0.50
	注：其余密度阔叶材的一维炭化速度可采用线性插值方法确定		
《木结构设计标准》GB 50005—2017[2-29]、《胶合木结构技术规范》GB/T 50708—2012[2-30] 和美国标准 NDS-2015[2-31]	$d = \beta_n t^{0.813}$		β_n 为木材燃烧 1h 的名义线性炭化速度，针叶材建议取 38mm/h

由表 2-13 可知，目前炭化深度代表性计算模型主要是线性模型和幂函数模型。其中线性模型假设炭化深度随受火时间线性增加，同一树种木材炭化速度为常数，主要考虑密度和含水率等参数对炭化速度的影响；而幂函数模型则假设炭化深度随受火时间非线性增加，考虑炭化层形成后对进一步炭化的延缓作用。

图 2-10 给出了标准火灾试验测得的炭化深度结果与标准中一维炭化深度建议值的对比，图中炭化深度为两个方向的平均炭化深度。

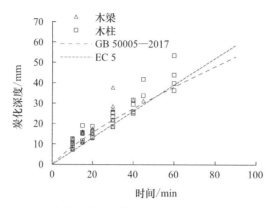

图 2-10 标准火灾试验炭化深度实测值与标准建议值对比

从图 2-10 中可知，无表面防火处理木材炭化深度试验值比标准中一维炭化深度建议值偏高。这主要是因为本章中试验主要采用矩形截面和圆形截面，部分试件截面宽度较小，且部分试件由于未及时灭火导致实际受火时间较设定受火时间大，从而导致炭化速度偏大。

2.5.2 有表面防火处理木材

目前，木材表面防火处理措施主要包括：阻燃涂料、耐火石膏板、蛭石防火板、岩棉毡、石灰膏抹面和一麻五灰地仗等。从木梁和木柱标准火灾试验结果可知，阻燃涂料表面处理主要作用于火灾轰燃前，可延长木材的引燃时间和降低火焰蔓延速度，对减小炭化深度效果有限。而石灰膏抹面和一麻五灰地仗对减小炭化深度效果较为明显。

目前，国内外木结构设计标准中仅欧洲标准 EC5 提供了有表面处理的炭化深度计算方法，但也仅提供了耐火石膏板和木质板材保护时的计算方法，未涉及本章采用的其他表面处理措施。本节将试验结果与标准中无表面处理木材的一维炭化深度建议值进行对比，见图 2-11。图中炭化深度为两个方向的平均炭化深度。

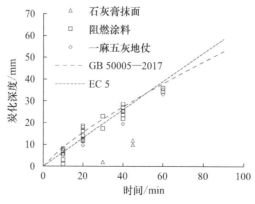

图 2-11 有表面防火处理试件炭化深度试验结果与标准建议值对比

由图 2-11 可知，有表面处理木材炭化深度试验值基本低于标准中的一维炭化深度建议值，尤其是采用石灰膏抹面表面处理措施的木构件。这说明对于采用石灰膏抹面和一麻五灰地仗等表面防火处理措施的木构件，防火设计时可以酌情考虑其对木构件的防火保护作用。

2.6　小结

本章通过锥形量热仪试验研究了不同树种木材的炭化性能，揭示了不同树种、不同热流通量下炭化深度和炭化速度的变化规律；通过标准火灾试验研究了木梁和木柱的炭化性能，考察了受火时间、表面防火处理措施和受火方式对木构件炭化性能的影响。最后，将实测炭化深度与标准建议值进行了对比分析，并给出了相应的建议供木结构防火设计时参考。

参 考 文 献

［2-1］ Nussbaum R. The effect of low concentration fire retardant impregnations on wood charring rate and char yield [J]. Journal of Fire Sciences, 1988, 6 (4): 290-307.

［2-2］ Mikkola E. Charring of wood based materials [C]. Scotland: Fire Safety Science-Proceeding of the Third International Symposium, 1991: 547-556.

［2-3］ Tran H, White R. Burning rate of solid wood measured in a heat release rate calorimeter [J]. Fire and Materials, 1992, 16 (4): 197-206.

［2-4］ White R, Tran H. Charring rate of wood exposed to to a constant heat flux [C]. Slovakia: Wood & Fire Safety: 3rd International Scientific Conference, 1996: 175-183.

［2-5］ Tsantaridis L, Ostman B. Charring of protected wood studs [J]. Fire and Materials, 1998, 22 (2): 55-60.

［2-6］ Xu Q, Chen L, Harries K, et al. Combustion and charring properties of five common constructional wood species from cone calorimeter tests [J]. Construction and Building Materials, 2015, 96: 416-427.

［2-7］ 中华人民共和国国家质量监督检验检疫总局，中国国家标准化管理委员会. 建筑构件耐火试验方法　第 1 部分：通用要求：GB/T 9978.1—2008 ［S］. 北京：中国计划出版社，2008.

［2-8］ Fire resistance tests - elements of building construction - Part 11: Specific requirements for the assessment of fire protection to structural steel elements：ISO 834-11:2014 [S]. Geneva: International Organization for Standardization, 2014.

［2-9］ White R, Nordheim E. Charring rate of wood for ASTM E119 exposure [J]. Fire Technology, 1992, 28 (1): 5-30.

［2-10］ Njankouo J, Dotreppe J, Franssen J. Experimental study of the charring rate of tropical hardwoods [J]. Fire and Materials, 2004, 28 (1): 15-24.

［2-11］ Frangi A, Fontana M. Charring rates and temperature profiles of wood sections [J]. Fire and Materials, 2003, 27 (2): 91-102.

［2-12］ Hugi E, Wuersch M, Risi W, et al. Correlation between charring rate and oxygen permeability for 13 different wood species [J]. Journal of Wood Science, 2006, 53 (1): 71-75.

［2-13］ Yang T, Wang S, Tsai M, et al. The charring depth and charring rate of glued laminated timber after a standard fire exposure test [J]. Building and Environment, 2009, 44 (2): 231-236.

［2-14］ 张晋, 许清风, 李维滨, 等. 木梁四面受火炭化速度及剩余受弯承载力试验研究 [J]. 土木工程学报, 2013, 46 (2): 24-33.

［2-15］ 许清风, 李向民, 穆保岗, 等. 石灰膏抹面木梁受火后受力性能静力试验研究 [J]. 建筑结构学报, 2011, 32 (7): 73-79.

［2-16］ 许清风, 李向民, 张晋, 等. 木梁三面受火后力学性能的试验研究 [J]. 土木工程学报, 2011, 44 (7): 64-70.

［2-17］ 许清风, 韩重庆, 胡小锋, 等. 不同阻燃涂料处理三面受火胶合木梁耐火极限试验研究 [J]. 建筑结构, 2018, 48 (10): 73-78/97.

［2-18］ 陈玲珠, 许清风, 韩重庆, 等. 经一麻五灰地仗处理的木梁三面受火耐火极限试验研究 [J]. 建筑结构学报, 2021, 42 (9): 1-9.

［2-19］ 张晋, 许清风, 商景祥. 木柱单面及相邻两面受火后的剩余承载力试验 [J]. 沈阳工业大学学报, 2013, 35 (4): 461-468.

［2-20］ 许清风, 李向民, 张晋, 等. 木柱四面受火后力学性能的试验研究 [J]. 土木工程学报, 2012, 45 (3): 41-45.

［2-21］ 胡小锋, 韩逸尘. 阻燃涂料处理胶合木短柱四面受火后力学性能试验研究 [J]. 建筑结构, 2018, 48 (10): 68-72.

［2-22］ 许清风, 韩重庆, 陈玲珠, 等. 传统地仗保护圆木柱受火后力学性能的试验研究 [J]. 土木工程学报, 2019, 52 (7): 90-99.

［2-23］ Walton W, Putorti A, Twilley W, et al. Santa Ana Fire Department experiments at south bristol street (NISTIR 5776) [R]. Gaithersburg: National Institute of Standerds and Technology, 1996.

［2-24］ Bullock M, Lennon T, Enjily V. The fire resistance of medium-rise timber frame buildings summary report [R]. Buckinghamshire: Chiltern International Fire, 2000.

［2-25］ Babrauskas V. Charring rate of wood as a tool for fire investigations [J]. Fire Safety Journal, 2005, 40 (6): 528-554.

［2-26］ Silcock G, Shields T. Relating char depth to fire severity conditions [J]. Fire and

Materials, 2001, 25 (1): 9-11.

［2-27］ Eurocode 5: Design of timber structures -- Part 1-2: General - Structural fire design: EN 1995-1-2 [S]. Brussels: European Committee for Standardization, 2004.

［2-28］ Timber structures Part 4: Fire resistance of timber elements：AS／NZS 1720.4-2019 [S]. Sydney: Standards Australia, 2019.

［2-29］ 中华人民共和国住房和城乡建设部. 木结构设计标准：GB 50005—2017［S］. 北京：中国建筑工业出版社，2018.

［2-30］ 中华人民共和国住房和城乡建设部. 胶合木结构技术规范：GB/T 50708—2012［S］. 北京：中国建筑工业出版社，2012.

［2-31］ National design specification for wood construction: NDS-2015 [S]. Washington: American Forest & Paper Association, Inc, 2015.

第3章 标准火灾下木梁抗火性能的试验研究

木材是可燃性材料,木结构建筑遭受火灾后,木构件表面引燃进而发生炭化,内部温度逐渐升高,木材强度和刚度发生退化,导致木结构不同程度的损伤甚至倒塌。木梁作为建筑物的承重构件,必须在设计的耐火极限内保持足够的承载能力,保证木结构不发生倒塌,以便人员安全撤离和消防人员灭火。我国针对木结构火灾性能的研究较少,国家标准《木结构设计标准》GB 50005—2017[3-1]和《建筑设计防火规范》GB 50016—2014(2018年版)[3-2]中对木结构防火的要求多参考国外标准,缺少针对性。实际火灾中,对于楼板下木梁,通常遭受三面受火环境;对于屋架下弦梁,则通常遭受四面受火环境。目前对木梁火灾后性能的研究还较为欠缺[3-3; 3-4]。本章通过标准火灾下三面受火木梁的耐火极限试验来研究木梁的耐火性能[3-5~3-8],并通过三面受火和四面受火后木梁的静载试验研究木梁火灾后力学性能[3-9~3-12],为相关标准的制定修订提供技术支撑[3-13]。

3.1 标准火灾下木梁耐火极限的试验研究

3.1.1 试验概况

1 试件设计

共进行了38根木梁耐火极限的对比试验研究。通过三分点加载获得相同规格未受火木梁的破坏荷载,然后进行不同荷载比三面受火木梁的耐火极限试验。

试验参数包括:木材树种、试件尺寸、受火方式、表面防火处理措施、荷载比。其中木材树种包括花旗松锯材、南方松锯材、樟子松胶合木和花旗松胶合木。试件截面尺寸分别为100mm×200mm、150mm×300mm、200mm×400mm。考虑不同的荷载比、表面防火处理措施的影响,木梁受火方式为三面受火。具体试验参数见表3-1。

木梁耐火极限试验试件统计表 表3-1

试件编号	树种	试件尺寸	受火方式	表面防火处理措施	荷载比
B100	花旗松锯材	100mm×200mm×4000mmmm	未受火对比	无	—
B100P25		100mm×200mm×4000mmmm	三面受火	无	25%
B100P37.5		100mm×200mm×4000mmmm			37.5%
B100P50		100mm×200mm×4000mmmm			50%

36

续表

试件编号	树种	试件尺寸	受火方式	表面防火处理措施	荷载比
B150	花旗松锯材	150mm×300mm×4000mm	未受火对比	无	—
B150P50		150mm×300mm×4000mm	三面受火	无	50%
B150PC50		150mm×300mm×4000mm	三面受火	膨胀型阻燃涂料	50%
E100B	南方松锯材	100mm×200mm×4000mm	未受火对比	无	—
E100B30		100mm×200mm×4000mm	三面受火	无	30%
E100B50		100mm×200mm×4000mm			50%
E100BI50		100mm×200mm×4000mm	三面受火	非膨胀型阻燃涂料 I	50%
E100BII30		100mm×200mm×4000mm	三面受火	一麻五灰地仗	30%
E100BII50		100mm×200mm×4000mm			50%
E200B	南方松锯材	200mm×400mm×4000mm	未受火对比	无	—
E200B30		200mm×400mm×4000mm	三面受火	无	30%
E200B50		200mm×400mm×4000mm			50%
E200BI50		200mm×400mm×4000mm	三面受火	非膨胀型阻燃涂料 I	50%
E200BII30		200mm×400mm×4000mm	三面受火	一麻五灰地仗	30%
E200BII50		200mm×400mm×4000mm			50%
GB-1	樟子松胶合木 1	100mm×200mm×4000mm	未受火对比	无	—
GB-2		150mm×300mm×4000mm	三面受火	无	20%
GB-3		150mm×300mm×4000mm			35%
GB-4		150mm×300mm×4000mm			50%
GB-5		100mm×200mm×4000mm			35%
P100	樟子松胶合木 2	100mm×200mm×4000mm	未受火对比	无	—
P100-30		100mm×200mm×4000mm	三面受火	无	30%
P100-50		100mm×200mm×4000mm			50%
P100I-30		100mm×200mm×4000mm		非膨胀型阻燃涂料 I	30%
P100I-50		100mm×200mm×4000mm			50%
P150	樟子松胶合木 2	150mm×300mm×4000mm	未受火对比	无	—
P150-30		150mm×300mm×4000mm	三面受火	无	30%
P150-50		150mm×300mm×4000mm			50%
P150I-50		150mm×300mm×4000mm		非膨胀型阻燃涂料 I	50%

续表

试件编号	树种	试件尺寸	受火方式	表面防火处理措施	荷载比
D150		150mm×300mm×4000mm	未受火对比	无	—
D150-30		150mm×300mm×4000mm			30%
D150-50	花旗松胶合木	150mm×300mm×4000mm	三面受火	无	50%
D150II-30		150mm×300mm×4000mm		非膨胀型阻燃涂料II	30%
D150II-50		150mm×300mm×4000mm			50%

2 试验材料

试验用木材包括花旗松锯材、南方松锯材、樟子松胶合木 1、樟子松胶合木 2 和花旗松胶合木。实测木材材料性能如表 3-2 所示。

实测木材材料性能   表 3-2

树种	密度 / （kg/m³）	含水率 / %	顺纹抗压强度 / MPa	顺纹抗拉强度 / MPa	顺纹抗弯强度 / MPa	弹性模量 / MPa
花旗松锯材	581	15.2	38.1	91.5	/	13353
南方松锯材	681	18.2	31.9	109.1	89.2	10490
樟子松胶合木 1	445	14.9	39.3	46.6	54.0	6100
樟子松胶合木 2	469	14.4	35.6	73.6	65.1	11925
花旗松胶合木	446	14.0	33.7	103.9	71.5	15153

分别考虑阻燃涂料和一麻五灰地仗等表面防火处理措施。阻燃涂料采用膨胀型阻燃涂料 I 和非膨胀型阻燃涂料 II 三种。其中膨胀型阻燃涂料为球盾牌 B60-2 涂料；非膨胀型阻燃涂料 I 为木材保护水性清漆，性能和用量与第 2 章相同；非膨胀型阻燃涂料 II 为非膨胀型无卤阻燃剂，无色无味，由涂料生产厂家采用常温常压浸渍，浸渍量约 80kg/m³。一麻五灰地仗施工工艺与第 2 章相同。

3 试验装置与方法

试验在耐火试验炉中进行，炉温按标准火灾升温曲线进行升温。木梁顶面及梁两端支座各 200mm 长度范围用耐火棉包裹，木梁试件全长三面受火，端部搁置在耐火试验炉炉壁上，木梁两支座间距 3.6m。木梁采用三分点加载，千斤顶通过分配梁将荷载施加于两个加载点上，加载装置如图 3-1 所示。火灾试验结束后，在梁长方向 1/3 和 2/3 位置处分别截取 50mm 厚切片量测剩余截面尺寸，并取两者平均值，将所得剩余截面尺寸的均值与火灾前原试件截面尺寸进行对比，得出木梁的炭化深度。

4 测点布置

受火试件分别布置热电偶和位移计来监测升温过程中试件内部的温度场分布和试件跨

中的位移变化，未受火对比试件在跨中沿截面高度布置应变片来测试试件跨中截面应变随荷载增加的变化关系，热电偶布置如图 3-2 所示，位移计和应变片布置如图 3-3 所示。

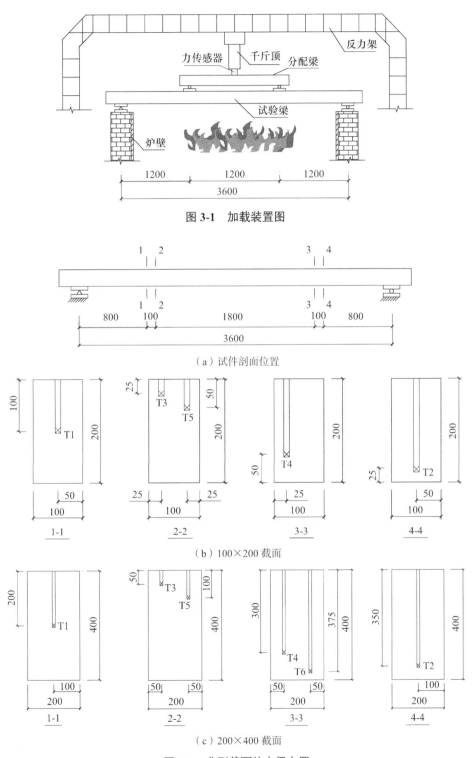

图 3-1　加载装置图

（a）试件剖面位置

（b）100×200 截面

（c）200×400 截面

图 3-2　典型截面热电偶布置

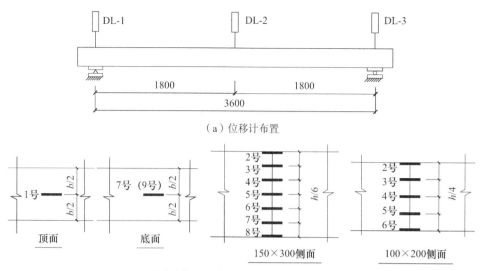

（a）位移计布置

（b）应变片布置图（未受火对比试件）—跨中截面

图 3-3　典型截面位移计和应变片布置图

3.1.2　试验现象

1　未受火对比试件

未受火对比试件加载到一定荷载时发出声响，木梁底部发生开裂，接近破坏荷载时，伴随巨大声响，跨中挠度迅速增大，试件发生破坏。破坏时从一侧加载点底部向跨中中部撕裂，典型试件的破坏形态见图 3-4。

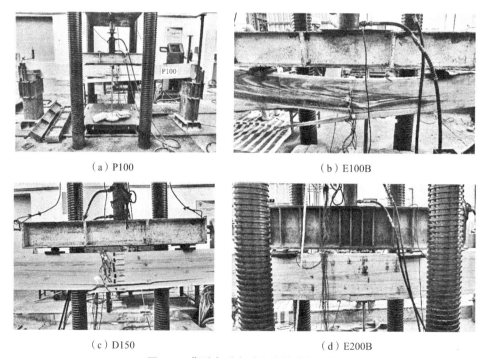

（a）P100

（b）E100B

（c）D150

（d）E200B

图 3-4　典型未受火对比试件破坏形态

2　受火试件

受火试件受火过程中，在试件与耐火试验炉钢盖板接缝处有白色烟雾冒出，试件跨中挠度逐渐增大；受火时间接近耐火极限时，跨中挠度急剧增大，同时千斤顶油压下降，不能继续承担预加荷载，试验终止。待炉温下降到200℃以下，开炉取出试件后发现试件受火面明显炭化，部分试件出现折断等破坏特征。表面喷涂膨胀型阻燃涂料试件 B150PC50 开炉后观察到试件表面有一层灰白色泡状覆盖，主要是阻燃涂料遇火膨胀发泡形成。表面采用一麻五灰地仗处理的试件开炉后观察到试件炭化层表面有一层白色覆盖物。

典型受火试件的破坏形态见图 3-5。

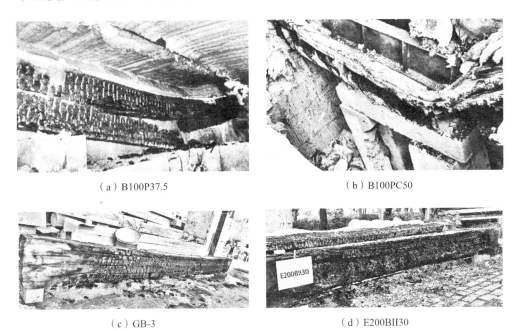

（a）B100P37.5　　　　　　　　　　　　　（b）B100PC50

（c）GB-3　　　　　　　　　　　　　　（d）E200BII30

图 3-5　典型受火试件的破坏形态

综上所述，未受火和受火木梁破坏形态类似，均源于受拉区的受弯破坏，部分受火试件未见明显开裂或折断等破坏特征。

3.1.3　试验结果与分析

1　未受火对比试件

典型未受火对比试件荷载—位移曲线见图 3-6，各试件的破坏荷载见表 3-3。从图 3-6 可知，未受火对比试件的荷载—位移曲线前半段近似线性，后半段进入弹塑性阶段，曲线逐渐趋于平缓。相同截面的木梁破坏荷载接近，破坏荷载主要与木材力学性能和木梁木节、裂缝等初始缺陷的位置及大小相关；截面较大的未受火对比试件荷载—位移曲线的初始斜率显著大于较小截面的试件，表明木梁试件的初始刚度与截面尺寸直接相关。

典型未受火对比试件跨中截面沿截面高度的应变分布见图 3-7。由图 3-7 可知，未受火对比试件跨中截面沿高度方向的应变变化基本为直线，符合平截面假定。当荷载接近破坏荷载时，应变分布逐渐变为非线性，中性轴明显下移，原因在于木梁受弯过程中上部受压区发生屈服，中性轴下移。

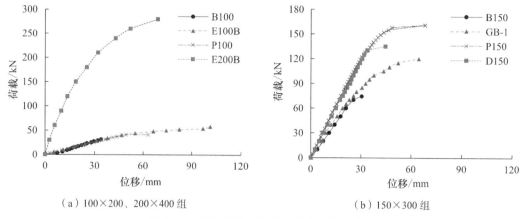

（a）100×200、200×400 组　　　　　　（b）150×300 组

图 3-6　典型未受火对比试件荷载—位移曲线

未受火对比试件的破坏荷载　　　　　　　　　　　　　　　　　　表 3-3

试件编号	破坏荷载 /kN
B100	33.0
B150	74.6
E100B	58.0
E200B	280.0
GB-1	120.0
P100	41.0
P150	180.0
D150	135.0

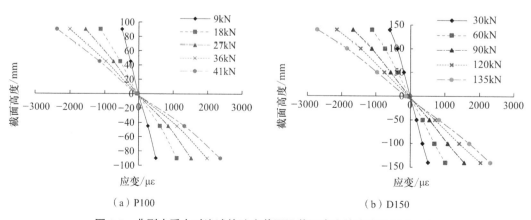

（a）P100　　　　　　　　　　　　　　（b）D150

图 3-7　典型未受火对比试件跨中截面沿截面高度的应变分布（一）

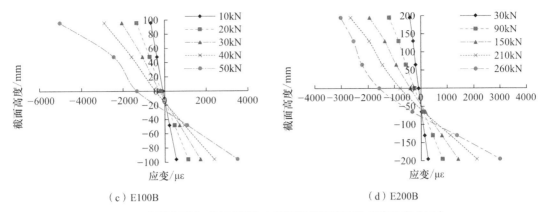

（c）E100B　　　　　　　　（d）E200B

图 3-7　典型未受火对比试件跨中截面沿截面高度的应变分布（二）

2　耐火极限试验结果

根据国家标准《建筑构件耐火试验方法　第 1 部分：通用要求》GB/T 9978.1—2008[3-14] 的规定，木梁耐火极限需要以失去承载能力这个指标进行判定，因此通过跨中挠度、跨中挠度变化率和试件破坏综合确定木梁的耐火极限。木梁试件当跨中挠度或跨中挠度变化率达到表 3-4 中限值，或持荷木梁发生断裂破坏时，即到达耐火极限。

耐火极限判定准则　　　　　　　　　　　　　　　　　表 3-4

截面尺寸 /mm²	跨中挠度 /mm $L^2/(400d)$	跨中挠度变化率 /（mm/min） $L^2/(9000d)$
100×200	162	7.2
150×300	108	4.8
200×400	81	3.6

典型受火试件跨中挠度随受火时间的变化曲线见图 3-8。典型受火试件跨中挠度变化率随时间的变化曲线见图 3-9。

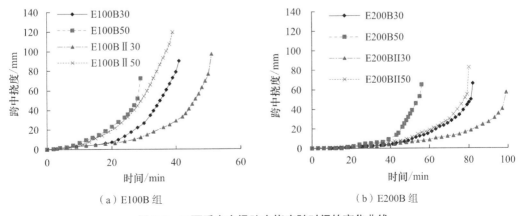

（a）E100B 组　　　　　　　　（b）E200B 组

图 3-8　三面受火木梁跨中挠度随时间的变化曲线

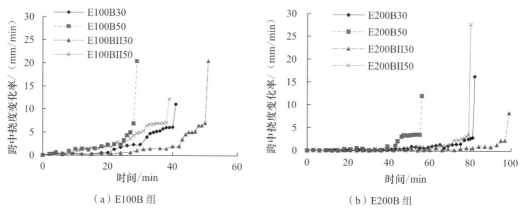

（a）E100B 组　　　　　　　　　　（b）E200B 组

图 3-9　三面受火木梁跨中挠度变化率随时间的变化曲线

根据受火木梁的跨中挠度、跨中挠度变化率和试件破坏综合判断试件耐火极限，三面受火木梁耐火极限试验结果见表 3-5。

三面受火木梁耐火极限试验结果　　　　　　　表 3-5

试件编号	荷载比	持荷大小 /kN	耐火极限 /min
B100P25	25%	8.2	23
B100P37.5	37.5%	12.4	17
B100P50	50%	16.5	12
B150P50	50%	37.3	37
B150PC50	50%	37.3	48
E100B30	30%	17.4	40
E100B50	50%	29.0	28
E100BI50	50%	29.0	38
E100BII30	30%	17.4	51
E100BII50	50%	29.0	38
E200B30	30%	84.0	82
E200B50	50%	140.0	56
E200BI50	50%	140.0	66
E200BII30	30%	84.0	100
E200BII50	50%	140.0	80
GB-2	20%	24.0	46
GB-3	35%	42.0	33
GB-4	50%	60.0	25
GB-5	35%	12.4	18

续表

试件编号	荷载比	持荷大小 /kN	耐火极限 /min
P100-30	30%	12.3	24
P100-50	50%	20.5	17
P100I-30	30%	12.3	28
P100I-50	50%	20.5	23
P150-30	30%	48.0	36
P150-50	50%	80.0	18
P150I-50	50%	80.0	22
D150-30	30%	40.5	46
D150-50	50%	67.5	26
D150II-30	30%	40.5	59
D150II-50	50%	67.5	30

由表 3-5 可知：① 随着荷载比增加，三面受火木梁耐火极限明显降低，当荷载比由 30% 增加到 50% 时，耐火极限降低 5～29min。② 相同荷载比时，随着截面尺寸增加，三面受火木梁耐火极限略有提高，当截面尺寸由 100mm×200mm 增加到 150mm×300mm 时，耐火极限增加 1～25min；当截面尺寸由 100mm×200mm 增加到 200mm×400mm 时，耐火极限增加 28～48min。③ 木梁表面采用阻燃涂料处理后，耐火极限略有提高，提高幅度 4～10min。④ 采用一麻五灰地仗表面处理后，木梁耐火极限提高 11～ 24min。截面尺寸越大，一麻五灰地仗对木梁耐火极限的提升效果越明显。

3　温度场分布

不同截面尺寸试件内部不同位置温度随时间变化规律接近，以 E100B 组和 E100BII 组试件为例，试件内部不同位置温度变化如图 3-10 所示。

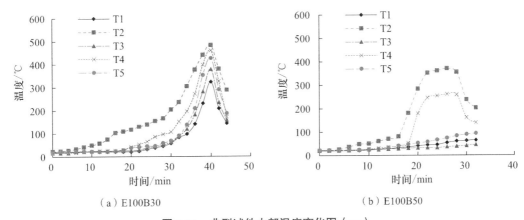

（a）E100B30　　　　　　　　　　（b）E100B50

图 3-10　典型试件内部温度变化图（一）

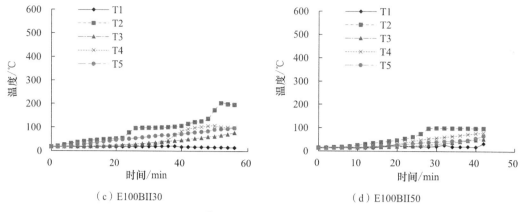

（c）E100BII30　　　　　　　　　　（d）E100BII50

图 3-10　典型试件内部温度变化图（二）

由图 3-10 可知：① 随着受火时间增加，木梁内部不同深度位置的温度均有不同程度的升高，越靠近截面边缘的部位升温越快，截面中心处升温缓慢。② 测点 T2（距底面 25mm、距侧面 50mm）温度高于测点 T4（距底面 50mm、距侧面 25mm），表明木梁三面受火时，沿截面高度方向的升温速度比沿截面宽度方向的升温速度更快。③ 无表面防火处理的试件，接近耐火极限时各测点的温度较高；而表面采用一麻五灰地仗处理的试件，各测点的温度相对较低。

典型试件距底部边缘 25mm 处和 50mm 处温度随受火时间变化见图 3-11。

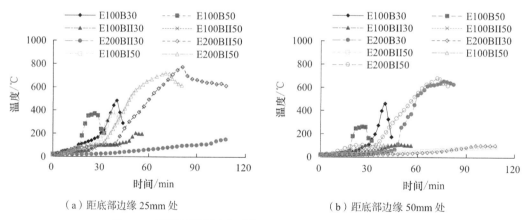

（a）距底部边缘 25mm 处　　　　　　　（b）距底部边缘 50mm 处

图 3-11　不同试件距底部边缘 25mm 和 50mm 处温度变化图

由图 3-11 可知：① 不同试件距底部边缘 25mm 和 50mm 处的温度变化规律大致相近。② 荷载比和截面尺寸对于试件内部距离边缘相同位置处的温度变化无明显影响。③ 表面采用一麻五灰地仗处理可显著降低试件内部温度的上升速度。

4　炭化速度

典型木梁受火后截取的切片如图 3-12 所示。

从图 3-12 可知：① 木梁炭化后截面基本可分为炭化层、高温分解层和正常层。② 三面受火木梁梁底角部损伤较严重，矩形截面木梁燃烧后角部呈圆弧状，边角棱角不再存在，这主要是因为角部受到双向热量传递，炭化速度加快。

（a）GB 组

（b）E100B 和 E200B 组

图 3-12　典型木梁受火后截面切片图

三面受火木梁炭化深度取每根木梁两个三分点处截面炭化深度的平均值，三面受火木梁炭化速度汇总见表 3-6。

三面受火木梁炭化速度试验结果　　　　　　　　　　　表 3-6

试件编号	耐火极限 /min	炭化深度 /mm		炭化速度 /（mm/min）	
		b	h	b	h
E100B30	40	23.3	30.5	0.58	0.76
E100B50	28	18.4	22.0	0.66	0.79
E100BI50	38	21.6	26.0	0.56	0.68
E100BII30	51	23.4	34.5	0.46	0.68
E100BII50	38	18.6	27.0	0.48	0.70
E200B30	82	48.9	55.5	0.6	0.68
E200B50	56	34.5	36.5	0.62	0.65
E200BI50	66	40.8	41.5	0.61	0.62
E200BII30	100	41.6	55.5	0.42	0.56
E200BII50	80	35.1	49.0	0.44	0.61
GB-2	46	34.8	50.0	0.72	1.04
GB-3	33	26.1	45.0	0.69	1.18
GB-4	25	20.0	18.0	0.74	0.67
GB-5	18	18.8	43.0	0.60	1.39
P100-30	24	18.8	21.0	0.78	0.88
P100-50	17	13.8	14.5	0.81	0.85
P100I-30	28	21.3	23.5	0.76	0.84
P100I-50	23	19.3	19.5	0.84	0.85

试件编号	耐火极限 /min	炭化深度 /mm		炭化速度 /（mm/min）	
		b	h	b	h
P150-30	36	31.8	30.5	0.88	0.85
P150-50	18	14.8	15.5	0.82	0.86
P150I-50	22	8.8	8.5	0.80	0.77
D150-30	46	18.8	19.5	0.85	0.89
D150-50	26	38.8	36.0	0.84	0.78
D150II-30	59	18.8	22.0	0.72	0.85
D150II-50	30	43.8	46.0	0.74	0.78

由表 3-6 可知：① 表面无防火处理木梁两个方向炭化速度平均值为 0.80mm/min。比欧洲标准中对于密度不小于 290kg/m³ 针叶材构件单侧受火炭化速度 0.65mm/min 的建议值略高，主要是由于停火后木梁仍有可能阴燃或继续燃烧、未及时灭火所致。② 表面采用一麻五灰地仗处理的木梁两个方向的炭化速度平均值为 0.54mm/min，较无表面防火处理木梁降低 19.4%，表明一麻五灰地仗能有效延缓木材开始燃烧的时间、延迟内部升温速度，减小整个受火时段内的平均炭化速度。③ 表面采用阻燃涂料处理的木梁两个方向的炭化速度平均值为 0.74mm/min，略低于无表面防火处理木梁。④ 木梁三面受火时沿截面高度方向的炭化速度略大于沿截面宽度方向的炭化速度。

3.2 三面受火木梁受火后力学性能的试验研究

3.2.1 试验概况

1 试件设计

试件设计制作与第 2 章相同。三面受火木梁受火后力学性能试件具体试验参数见表 3-7。

三面受火木梁受火后力学性能试验参数　　表 3-7

试件编号	树种	试件尺寸	受火方式	表面防火处理措施	受火时间 /min
75Nt	新花旗松锯材 1	75mm×150mm×2000mm	三面受火	无	0、10、15、20
100Nt		100mm×200mm×2000mm			0、15、30
150Nt		150mm×300mm×2000mm			0、10、15、20、30
4000Nt		100mm×200mm×4000mm			0、30、45
100Ot	旧花旗松锯材	100mm×200mm×2000mm	三面受火	无	0、10、15
4000Ot		100mm×200mm×4000mm			0、15、30

续表

试件编号	树种	试件尺寸	受火方式	表面防火处理措施	受火时间 /min
4000NGt	新花旗松锯材 1	100mm×200mm×4000mm	三面受火	石灰膏抹面	30、45
4000OGt	旧花旗松锯材	100mm×200mm×4000mm	三面受火	石灰膏抹面	30、45
S100Bt	南方松锯材	100mm×200mm×2000mm	三面受火	无	0、20、40
S100BIIt		100mm×200mm×2000mm		一麻五灰地仗	20、40
100Bt	樟子松胶合木 2	100mm×200mm×2000mm	三面受火	无	0、20、30、40
100BIt		100mm×200mm×2000mm		非膨胀型阻燃涂料 I	20、30、40

2 试验材料

试验用木材包括新花旗松锯材 1、从某旧别墅上拆除的已使用超过 90 年的旧花旗松锯材、南方松锯材和樟子松胶合木 2。实测木材的材料性能如表 3-8 所示。

实测木材材料性能   表 3-8

树种	密度 / (kg/m³)	含水率 / %	顺纹抗压强度 / MPa	顺纹抗拉强度 / MPa	顺纹抗弯强度 / MPa	弹性模量 / MPa
新花旗松锯材 1	448	14.8	33.7	/	64.7	7404
旧花旗松锯材	464	11.1	41.5	/	71.2	8590
南方松锯材	681	18.2	31.9	109.1	89.2	10490
樟子松胶合木 2	469	14.4	35.6	73.6	65.1	11925

注:"/" 代表没有检测该强度。

3 试验装置与方法

受火试验在耐火试验炉中进行,炉温采用标准火灾升温曲线。到达设定受火时间后立即切断燃气,待炉温降至 200℃后打开炉门,吊出试件后进行浇水冷却。

受火后静载试验采用三分点加载。2m 长木梁支座间距 1.8m,4m 长木梁支座间距 3.3m。荷载由千斤顶施加并通过分配梁传递,正式加载前进行预加载,正式加载采用单调分级加载。试验加载装置如图 3-13 所示。

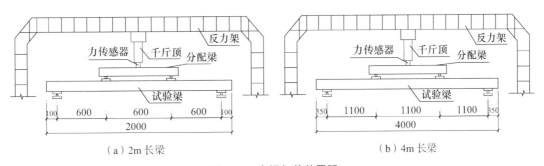

（a）2m 长梁   （b）4m 长梁

图 3-13 木梁加载装置图

4 试验量测

试验过程中，通过在木梁跨中截面布置应变片以了解加载过程中跨中截面的应变分布情况，应变片粘贴前先去除木梁表面的炭化层和高温分解层；在木梁支座处及跨中布置位移计以了解加载过程中木梁的整体变形情况。应变片和位移计布置见图 3-14。

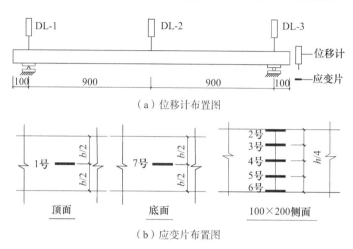

（a）位移计布置图

（b）应变片布置图

图 3-14　典型截面位移计和应变片布置图

3.2.2　试验现象

1　未受火对比试件

未受火对比试件加载到一定荷载时发出声响，木梁底部发生开裂，接近破坏荷载时，伴随巨大声响，跨中挠度迅速增大，试件发生破坏。破坏时从一侧加载点底部向跨中撕裂，典型木梁试件的破坏形态见图 3-15。

2　三面受火后试件

试件加载到一定荷载时木梁炭化层先发出声响，木梁底部发生开裂，随着荷载增加，多在受拉边缘出现裂缝，接近破坏荷载时，伴随巨大声响，跨中挠度迅速增大，试件发生破坏。破坏时从一侧加载点底部向跨中撕裂，典型三面受火后木梁试件的破坏形态见图 3-16。

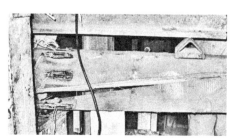

（a）75N　　　　　　　　　　　　　　　　（b）4000O

图 3-15　典型未受火对比木梁试件破坏形态（一）

（c）S100B

（d）100B

图 3-15　典型未受火对比木梁试件破坏形态（二）

（a）75N10

（b）100O15

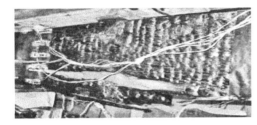

（c）150N20

（d）S100B40

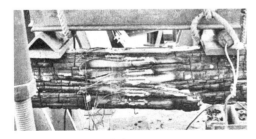

（e）S100BII40

（f）100BI40

图 3-16　典型三面受火后木梁试件破坏形态

3.2.3　试验结果与分析

1　受火后承载力

三面受火木梁不同受火时间后力学性能试验结果见表 3-9。

三面受火木梁受火后力学性能试验结果 表 3-9

试件编号	破坏位移 Δ_u/mm	破坏荷载 P_u/kN	P_u 下降幅度 α/%
75N	36.7	32.0	0.0
75N10	24.1	3.9	87.8
75N15	7.3	3.5	89.1
75N20	4.7	1.6	95.0
100N	25.0	71.6	0.0
100N15	12.8	26.1	63.5
100N30	11.5	10.3	85.6
150N	18.1	207.7	0.0
150N10	16.1	114.9	44.7
150N15	21.9	136.4	34.3
150N20	35.1	110.0	47.0
150N30	26.2	38.2	81.6
4000N	49.0	31.0	0.0
4000N30	13.0	3.4	89.0
4000N45	20.9	4.0	87.1
100O	23.5	56.2	0.0
100O10	29.0	55.1	2.0
100O15	20.1	26.4	53.0
4000O	23.6	32.1	0.0
4000O15	34.9	20.4	36.4
4000O30	28.7	6.8	78.8
4000NG30	30.6	38.1	−22.9
4000NG45	18.9	8.9	71.3
4000OG30	64.7	38.5	−19.9
4000OG45	46.0	31.9	0.6
S100B	117.6	101.2	0.0
S100B20	31.6	74.1	26.8
S100B40	25.9	38.5	62.0
S100BII20	30.2	87.0	14.0
S100BII40	22.8	49.0	51.6

续表

试件编号	破坏位移 Δ_u/mm	破坏荷载 P_u/kN	P_u 下降幅度 α/%
100B	19.8	99.9	0.0
100B20	18.7	51.4	48.5
100B30	11.6	29.4	70.6
100B40	20.8	26.1	73.9
100BI20	17.7	45.2	54.8
100BI30	15.8	39.0	61.0
100BI40	23.4	32.3	67.7

由表 3-9 可知：① 相同规格相同材料下，试件破坏荷载均随受火时间增大而减小。主要是因为其他条件相同时，随着受火时间增加，木梁试件炭化深度增加剩余截面减小。② 相同受火时间下，试件破坏荷载下降幅度随着截面尺寸增加而减小。主要是因为不同截面尺寸的木梁炭化层和高温分解层厚度基本相同，截面尺寸较小试件其炭化层和高温分解层厚度相对受火前截面尺寸的比例较大，因此破坏荷载下降幅度较大。③ 采用石灰膏抹面表面处理试件受火 30min 后破坏荷载高于未受火对比试件。主要是因为采用石灰膏抹面试件的炭化深度较小，且受火后随着含水率降低，木材强度略有上升。④ 表面采用一麻五灰地仗处理后，试件破坏荷载下降幅度小于无表面防火处理试件。

2　荷载—位移曲线

典型三面受火后木梁试件荷载—位移曲线见图 3-17。

由图 3-17 可知：① 试件荷载—位移曲线接近线性，除 S100B 组和 S100BII 组外的其他试件弹塑性阶段不明显。② 大部分三面受火后木梁试件初始刚度均小于未受火对比木梁试件，随受火时间增加初始刚度不断减小，且随受火时间增加下降幅度增大。③ 表面采用石灰膏抹面和一麻五灰地仗处理后，受火后木梁的初始刚度较无表面防火处理试件有所增加。表面涂抹阻燃涂料受火后木梁的初始刚度与无表面防火处理试件接近。

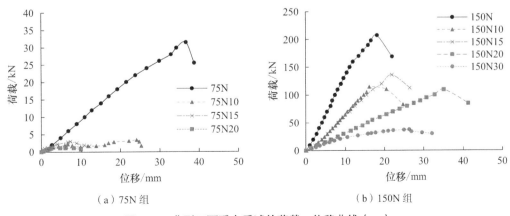

（a）75N 组　　　　　　　　　（b）150N 组

图 3-17　典型三面受火后试件荷载—位移曲线（一）

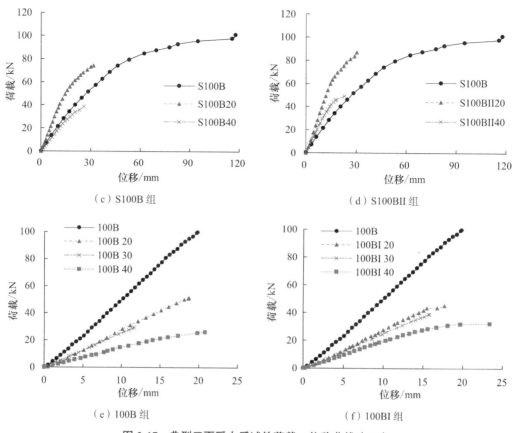

（c）S100B 组　　　　　　　　　　　（d）S100BII 组

（e）100B 组　　　　　　　　　　　（f）100BI 组

图 3-17　典型三面受火后试件荷载—位移曲线（二）

3　截面应变分布

典型三面受火后木梁试件沿截面高度应变分布见图 3-18。

由图 3-18 可知，在受力过程中，未受火对比木梁试件和典型三面受火后木梁试件的跨中截面沿截面高度的应变变化基本符合平截面假定。加载初期中性轴在截面 1/2 高度附近，随着荷载增大中性轴有下移的趋势。

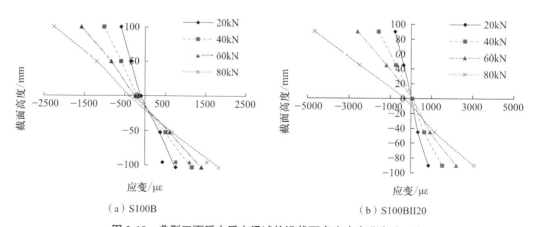

（a）S100B　　　　　　　　　　　　（b）S100BII20

图 3-18　典型三面受火后木梁试件沿截面高度应变分布（一）

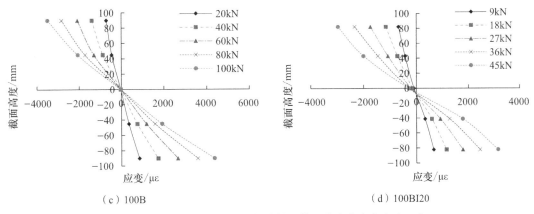

（c）100B　　　　　　　　　　　　（d）100BI20

图 3-18　典型三面受火后木梁试件沿截面高度应变分布（二）

3.3　四面受火木梁受火后力学性能的试验研究

3.3.1　试验概况

1　试件设计

试件设计制作与第 2 章相同。四面受火木梁受火后力学性能试验参数见表 3-10。

四面受火木梁受火后力学性能试验参数　　　　表 3-10

试件编号	树种	试件尺寸 /mm³	受火方式	表面防火处理措施	受火时间 /min
100Dt	新花旗松锯材 2	100×200×2000	四面受火	无	0、10、20、30
75Dt		75×150×2000			0、10、20
100DPt		100×200×2000		膨胀型阻燃涂料	10、20、30
75DPt		75×150×2000			10、20

2　试验材料

试验用木材为新花旗松锯材，实测木材的材料性能如表 3-11 所示。

实测木材材料性能　　　　表 3-11

树种	密度 /（kg/m³）	含水率 / %	顺纹抗压强度 / MPa	顺纹抗拉强度 / MPa	顺纹抗弯强度 / MPa	弹性模量 / MPa
新花旗松锯材 2	448	16.3	33.4	99.4	/	16833

3　试验装置与方法

试验过程和测点布置与 3.2 节相同。

3.3.2 试验现象

1 未受火对比试件

未受火对比试件加载到一定荷载时发出声响，木梁底部发生开裂，接近破坏荷载时，伴随巨大声响，跨中挠度迅速增大，试件破坏。破坏时从一侧加载点底部向跨中撕裂，未受火对比木梁试件的破坏形态见图3-19。

（a）75D　　　　　　　　　　　　　　（b）100D

图 3-19　未受火对比木梁试件破坏形态

2 四面受火后试件

加载过程中试件的炭化层先发出声响，木梁底部发生开裂；随着荷载增加，多在受拉边缘出现裂缝；接近破坏荷载时，伴随巨大声响，跨中挠度迅速增大，试件发生破坏。破坏时从一侧加载点底部向跨中撕裂，典型四面受火后木梁试件破坏形态见图3-20。

（a）75D10　　　　　　　　　　　　　（b）75DP20

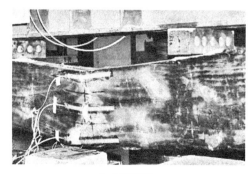 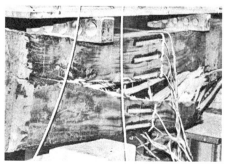

（c）100D10　　　　　　　　　　　　（d）100DP10

图 3-20　典型四面受火后木梁试件破坏形态

3.3.3　试验结果与分析

1　受火后破坏荷载

四面受火木梁试件不同受火时间后力学性能试验结果见表3-12。

四面受火木梁试件不同受火时间后力学性能试验结果　　表3-12

试件编号	破坏位移 Δ_u/mm	破坏荷载 P_u/kN	P_u 下降幅度 α/%
100D	21.1	85.0	0.0
100D10	20.5	30.0	64.7
100D20	20.5	3.5	95.9
100DP10	18.4	47.5	44.1
100DP20	15.5	10.2	88.0
75D	24.2	36.0	0.0
75D10	14.6	14.0	61.1
75DP10	22.5	22.0	38.9
75DP20	12.6	1.5	95.8

注：部分试件受火时发生断裂。

由表3-12可知：① 试件破坏荷载均随受火时间增大而减小。② 表面喷涂膨胀型阻燃涂料试件受火后破坏荷载下降幅度显著减小。

2　荷载—位移曲线

四面受火后木梁试件荷载—位移曲线见图3-21。

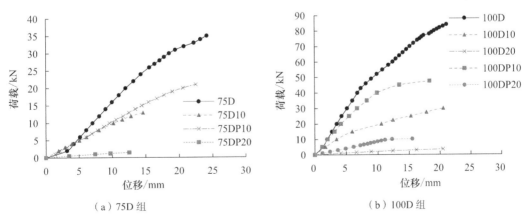

（a）75D 组　　　　　　　　　（b）100D 组

图 3-21　四面受火后木梁试件荷载—位移曲线

由图3-21可知：① 随受火时间增加，木梁试件的破坏荷载不断降低，破坏时的极限位移也不断下降。② 受火时间越长，荷载—位移曲线斜率越小，木梁试件初始刚度越低。③ 相同受火时间下，表面喷涂膨胀型阻燃涂料木梁试件的破坏荷载、极限位移和初始刚度比无表面防火处理木梁试件大。④ 从开始加载到最终破坏荷载—位移曲线基本呈线性变化，延性相对较差。

3 截面应变分布

四面受火后典型木梁试件沿截面高度应变分布见图 3-22。

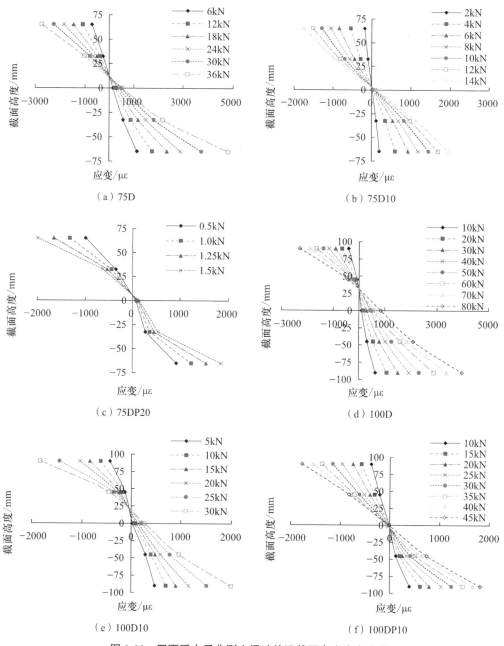

图 3-22 四面受火后典型木梁试件沿截面高度应变分布

由图 3-22 可知，在受力过程中，未受火对比木梁试件和四面受火后典型木梁试件的跨中截面沿截面高度的应变变化基本符合平截面假定。加载初期中性轴在截面 1/2 高度附近，随着荷载增大中性轴有下移的趋势。

3.4　木梁抗火性能试验值与标准计算值对比

3.4.1　三面受火木梁耐火极限

三面受火木梁耐火极限试验值与我国国家标准《木结构设计标准》GB 50005—2017[3-1]和欧洲标准 EC5[3-15] 计算值对比见表 3-13 和图 3-23，图 3-23 中的阻燃涂料代表膨胀型阻燃涂料、非膨胀型阻燃涂料 I 和非膨胀型阻燃涂料 II 三种。由于目前国内外标准的防火设计方法未涉及本章采用的表面防火处理措施，对于有表面防火处理措施木梁试件采用标准中无表面防火处理构件的计算公式进行计算。

木梁耐火极限试验值与标准计算值对比　表 3-13

试件编号	荷载比	耐火极限试验值 /min	耐火极限计算值 /min	
			GB 50005—2017	EC5
B100P25	25%	23	31.5	39.1
B100P37.5	37.5%	17	19.4	24.9
B100P50	50%	12	16.8	20.8
B150P50	50%	37	27.2	34.0
B150PC50	50%	48	27.2	34.0
E100B30	30%	40	36.9	45.6
E100B50	50%	28	27.9	34.9
E100BI50	50%	38	27.9	34.9
E100BII30	30%	51	36.9	45.6
E100BII50	50%	38	27.9	34.9
E200B30	30%	82	77.7	100.1
E200B50	50%	56	57.7	72.4
E200BI50	50%	66	57.7	72.4
E200BII30	30%	100	77.7	100.1
E200BII50	50%	80	57.7	72.4
GB-2	20%	46	65.4	71.8
GB-3	35%	33	47.0	50.9
GB-4	50%	25	31.1	34.1
GB-5	35%	18	28.1	31.0

续表

试件编号	荷载比	耐火极限试验值/min	耐火极限计算值/min	
			GB 50005—2017	EC5
P100-30	30%	24	31.9	34.9
P100-50	50%	17	18.4	20.8
P100I-30	30%	28	31.9	34.9
P100I-50	50%	23	18.4	20.8
P150-30	30%	36	56.8	61.9
P150-50	50%	18	36.7	39.9
P150I-50	50%	22	36.7	39.9
D150-30	30%	46	52.8	57.3
D150-50	50%	26	31.1	34.1
D150II-30	30%	59	52.8	57.3
D150II-50	50%	30	31.1	34.1

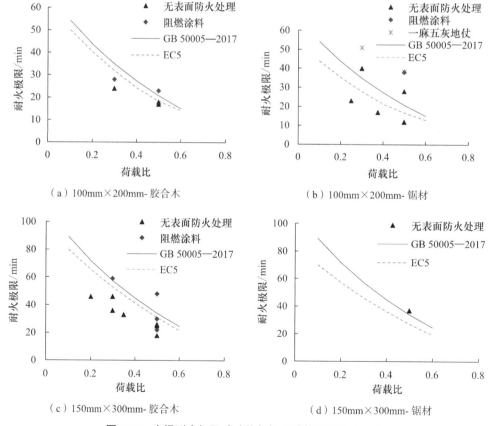

（a）100mm×200mm-胶合木

（b）100mm×200mm-锯材

（c）150mm×300mm-胶合木

（d）150mm×300mm-锯材

图 3-23　木梁耐火极限试验值与标准计算值对比（一）

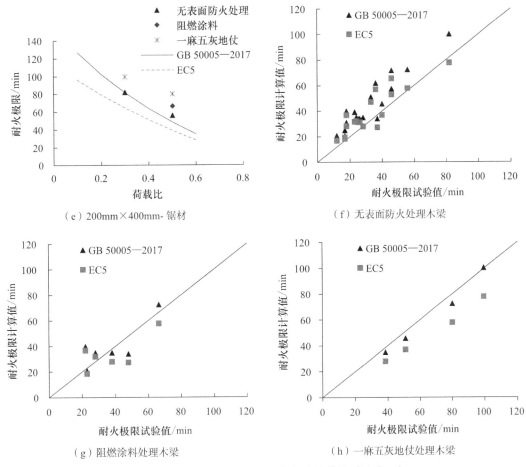

（e）200mm×400mm- 锯材　　　　（f）无表面防火处理木梁

（g）阻燃涂料处理木梁　　　　　（h）一麻五灰地仗处理木梁

图 3-23　木梁耐火极限试验值与标准计算值对比（二）

由表 3-13 和图 3-23 可知，三面受火木梁试件的耐火极限随荷载比增加呈非线性下降。对于三面受火胶合木梁，我国国家标准《木结构设计标准》GB 50005—2017[3-1] 和欧洲标准 EC5[3-15] 的耐火极限计算值较接近，欧洲标准耐火极限计算值略低于我国标准；对于三面受火锯材木梁，我国标准和欧洲标准的耐火极限计算值相差较大，欧洲标准的耐火极限计算值显著低于我国标准。这主要是因为对于胶合木梁，我国标准建议的炭化速度约为 0.63mm/min，欧洲标准建议的炭化速度为 0.7mm/min；对于锯材木梁，我国标准建议的炭化速度约为 0.63mm/min，欧洲标准建议的炭化速度为 0.8mm/min。

对于无表面防火处理木梁，当截面宽度较小时，我国标准和欧洲标准的耐火极限计算值比实测值高，偏于不安全；当截面宽度较大时，我国标准的耐火极限计算值与实测值接近，欧洲标准的耐火极限计算值低于实测值。对于阻燃涂料表面处理木梁，按我国标准和欧洲标准中无表面防火处理构件的计算公式得到的耐火极限计算值基本低于实测值；对于一麻五灰地仗处理木梁，按我国标准和欧洲标准中无表面处理的计算公式得到的耐火极限计算值比实测值低较多。

3.4.2　三面受火木梁受火后破坏荷载

将三面受火木梁受火后破坏荷载试验值与我国国家标准《木结构设计标准》GB 50005—2017[3-1]和欧洲标准 EC5[3-15]计算值进行对比。为方便对不同截面尺寸的试件进行比较，采用无量纲的破坏荷载折减系数（受火后破坏荷载与相应试件未受火破坏荷载的比值）进行对比，结果见表 3-14 和图 3-24。由于目前国内外技术标准均未考虑采用表面防火处理措施的情况，对于有表面防火处理措施的木梁采用技术标准中无表面防火处理措施木梁的计算公式进行计算。

破坏荷载折减系数试验值与标准计算值对比　　　表 3-14

试件编号	受火时间 /min	破坏荷载折减系数试验值	破坏荷载折减系数计算值	
			GB 50005—2017	EC5
75N	0	1.00	1.00	1.00
75N10	10	0.12	0.62	0.59
75N15	15	0.11	0.49	0.42
75N20	20	0.05	0.39	0.28
100N	0	1.00	1.00	1.00
100N15	15	0.37	0.60	0.55
100N30	30	0.14	0.36	0.27
150N	0	1.00	1.00	1.00
150N10	10	0.55	0.80	0.78
150N15	15	0.66	0.73	0.68
150N20	20	0.53	0.66	0.59
150N30	30	0.18	0.55	0.47
4000N	0	1.00	1.00	1.00
4000N30	30	0.11	0.36	0.27
4000N45	45	0.13	0.19	0.09
100O	0	1.00	1.00	1.00
100O10	10	0.98	0.71	0.68
100O15	15	0.47	0.60	0.55
4000O	0	1.00	1.00	1.00
4000O15	15	0.64	0.60	0.55
4000O30	30	0.21	0.36	0.27
4000NG30	30	1.23	0.36	0.27
4000NG45	45	0.29	0.19	0.09
4000OG30	30	1.20	0.36	0.27
4000OG45	45	0.99	0.19	0.09

续表

试件编号	受火时间 /min	破坏荷载折减系数试验值	破坏荷载折减系数计算值	
			GB 50005—2017	EC5
S100B	0	1.00	1.00	1.00
S100B20	20	0.73	0.52	0.42
S100B40	40	0.38	0.24	0.14
S100BII20	20	0.86	0.52	0.42
S100BII40	40	0.48	0.24	0.14
100B	0	1.00	1.00	1.00
100B20	20	0.52	0.52	0.46
100B30	30	0.29	0.36	0.33
100B40	40	0.26	0.24	0.20
100BI20	20	0.45	0.52	0.46
100BI30	30	0.39	0.36	0.33
100BI40	40	0.32	0.24	0.20

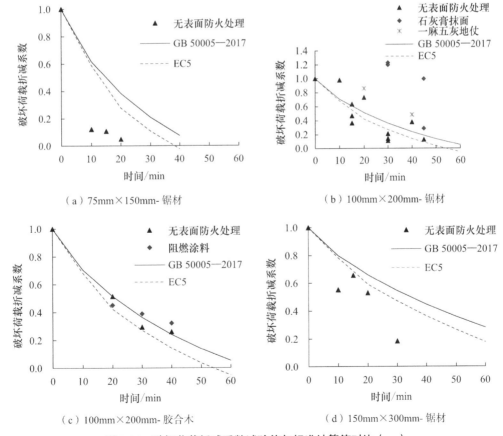

（a）75mm×150mm- 锯材 （b）100mm×200mm- 锯材

（c）100mm×200mm- 胶合木 （d）150mm×300mm- 锯材

图 3-24 破坏荷载折减系数试验值与标准计算值对比（一）

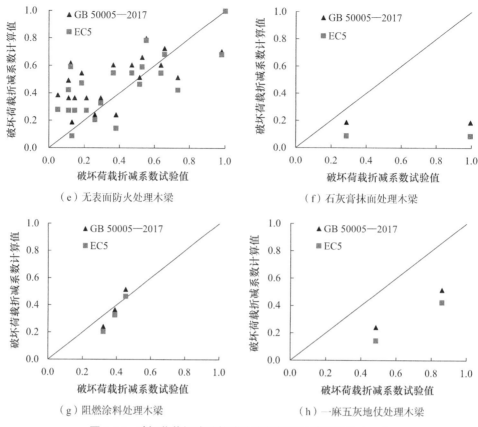

（e）无表面防火处理木梁　　　　　　　　（f）石灰膏抹面处理木梁

（g）阻燃涂料处理木梁　　　　　　　　　（h）一麻五灰地仗处理木梁

图 3-24　破坏荷载折减系数试验值与标准计算值对比（二）

由表 3-14 和图 3-24 可知，随着受火时间增加，三面受火后木梁的破坏荷载呈非线性下降，按欧洲标准计算的破坏荷载折减系数计算值略低于我国标准的计算值。

对于无表面防火处理措施木梁，当截面宽度较小时，我国标准和欧洲标准的破坏荷载折减系数计算值均明显高于试验实测值；当截面宽度较大时，我国标准和欧洲标准的破坏荷载折减系数计算值与试验实测值较接近。

对于阻燃涂料表面处理木梁，按我国标准和欧洲标准中无表面防火处理构件的计算公式得到的破坏荷载折减系数计算值与实测值接近；对于石灰膏抹面处理的木梁，按我国标准和欧洲标准中无表面防火处理构件的计算公式得到的破坏荷载折减系数计算值明显低于实测值；对于一麻五灰地仗处理的木梁，按我国标准和欧洲标准中无表面防火处理构件的计算公式得到的破坏荷载折减系数计算值比实测值低较多。这说明，对于无表面防火处理截面宽度较大的木梁，尤其是胶合木梁，我国标准和欧洲标准的计算结果与试验结果较吻合，对于石灰膏抹面和一麻五灰地仗处理的木梁，我国标准和欧洲标准的计算结果偏于保守，可适当考虑表面防火处理措施的贡献。

3.4.3　四面受火木梁受火后破坏荷载

将四面受火木梁受火后破坏荷载试验值与我国国家标准《木结构设计标准》GB 50005—

2017[3-1]和欧洲标准 EC5[3-15]计算值进行对比，为方便采用无量纲的破坏荷载折减系数，结果见表 3-15 和图 3-25。由于目前国内外技术标准均未考虑采用表面防火处理措施的情况，对于有表面防火处理措施的木梁采用技术标准中无表面防火处理措施木梁的计算公式进行计算。

由表 3-15 和图 3-25 可知，随着受火时间增加，四面受火后木梁的破坏荷载呈非线性下降，按欧洲标准的破坏荷载折减系数计算值略低于我国标准的计算值。

对于无表面防火处理措施木梁，由于试验中截面宽度较小，我国标准和欧洲标准的破坏荷载折减系数计算值均明显高于试验实测值。对于石灰膏抹面处理的木梁，当截面宽度较小时，按我国标准和欧洲标准中无表面防火处理措施的计算公式得到的破坏荷载折减系数计算值与实测值接近；当截面宽度较大时，按我国标准和欧洲标准中无表面防火处理措施的计算公式得到的破坏荷载折减系数计算值比实测值高。以上分析结果包含了受火后试件由于不能及时熄灭冷却，导致实际受火时间较设定受火时间偏大存在的偏差，以及由于试验试件数量较少且木材性能离散性较大所存在的误差。

破坏荷载折减系数试验值与标准计算值对比　　　　　　　　　　表 3-15

试件编号	受火时间 /min	破坏荷载折减系数试验值	破坏荷载折减系数计算值	
			GB 50005—2017	EC5
100D	0	1.00	1.00	1.00
100D10	10	0.35	0.63	0.60
100D20	20	0.04	0.41	0.32
100DP10	10	0.56	0.63	0.60
100DP20	20	0.12	0.41	0.32
75D	0	1.00	1.00	1.00
75D10	10	0.39	0.53	0.50
75DP10	10	0.61	0.53	0.50
75DP20	20	0.04	0.28	0.19

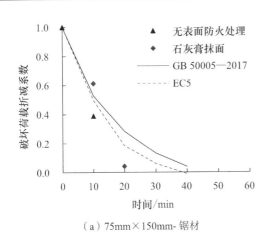

（a）75mm×150mm- 锯材

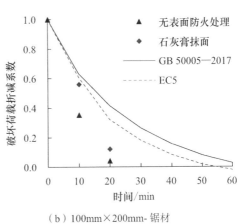

（b）100mm×200mm- 锯材

图 3-25　破坏荷载折减系数试验值与标准计算值对比（一）

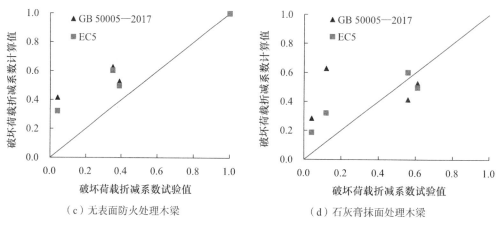

（c）无表面防火处理木梁　　　　　（d）石灰膏抹面处理木梁

图3-25　破坏荷载折减系数试验值与标准计算值对比（二）

3.5　小结

本章介绍了标准火灾升温曲线下木梁的耐火极限试验，揭示了木材树种、截面尺寸、荷载比、表面防火处理措施等参数对三面受火木梁耐火极限的影响规律。进行了三面受火和四面受火后木梁力学性能的研究，得到了不同受火时间后木梁的受弯性能。最后，将耐火极限和火灾后破坏荷载试验值与国内外技术标准的计算值进行了对比分析，探讨了技术标准中相关计算公式适当考虑有效表面防火处理措施的可行性。

参 考 文 献

［3-1］中华人民共和国住房和城乡建设部. 木结构设计标准：GB 50005—2017［S］. 北京：中国建筑工业出版社，2018.

［3-2］中华人民共和国住房和城乡建设部. 建筑设计防火规范：GB 50016—2014（2018年版）［S］. 北京：中国计划出版社，2018.

［3-3］李帅希. 基于炭化速度的木构件火灾试验研究［D］. 南京：东南大学，2010.

［3-4］商景祥. 木构件受火后力学性能和耐火极限的试验研究［D］. 南京：东南大学，2011.

［3-5］许清风，张晋，商景祥，等. 三面受火木梁耐火极限试验研究［J］. 建筑结构，2012，42（12）：127-130.

［3-6］许清风，韩重庆，胡小锋，等. 不同阻燃涂料处理三面受火胶合木梁耐火极限试验研究［J］. 建筑结构，2018，48（10）：73-78/97.

［3-7］陈玲珠，许清风，王欣. 三面受火胶合木梁耐火极限的试验研究［J］. 结构工程师，2018，34（4）：109-116.

［3-8］陈玲珠，许清风，韩重庆，等. 经一麻五灰地仗处理的木梁三面受火耐火极限试验

研究 [J]. 建筑结构学报，2021，42（9）：1-9.

[3-9] 许清风，李向民，张晋，等. 木梁三面受火后力学性能的试验研究 [J]. 土木工程学报，2011，44（7）：64-70.

[3-10] 许清风，李向民，穆保岗，等. 石灰膏抹面木梁受火后受力性能静力试验研究 [J]. 建筑结构学报，2011，32（7）：73-79.

[3-11] 胡小锋，陈玲珠，许清风，等. 胶合木梁三面受火后力学性能的试验研究 [J]. 建筑结构，2020，50（16）：98-104.

[3-12] 张晋，许清风，李维滨，等. 木梁四面受火炭化速度及剩余受弯承载力试验研究 [J]. 土木工程学报，2013，46（2）：24-33.

[3-13] 中国工程建设标准化协会. 火灾后工程结构鉴定标准：T/CECS 252—2019 [S]. 北京：中国建筑工业出版社，2019.

[3-14] 中华人民共和国国家质量监督检验检疫总局，中国国家标准化管理委员会. 建筑构件耐火试验方法　第 1 部分：通用要求：GB/T 9978.1—2008 [S]. 北京：中国计划出版社，2008.

[3-15] Eurocode 5: Design of timber structures -- Part 1-2: General - Structural fire design: EN 1995-1-2 [S]. Brussels: European Committee for Standardization, 2004.

第4章 标准火灾下木柱抗火性能的试验研究

木柱是木结构和砖木混合结构中的主要竖向承重构件，其抗火能力直接制约着结构的抗火性能，木柱受火后的力学性能是评定火灾后结构可靠性的重要依据。木结构和砖木结构中，根据木柱所在的位置不同其受火情况有所不同。边柱主要为单面受火，角柱主要为相邻两面受火，中柱主要为四面受火。本章通过标准火灾下四面受火木柱的耐火极限试验来研究木柱的耐火性能[4-1~4-6]，并通过四面、单面和相邻两面受火后木柱的受压试验研究木柱火灾后的力学性能[4-7~4-10]，为相关标准的制定修订提供技术支撑[4-11]。

4.1 标准火灾升温曲线下木柱耐火极限的试验研究

4.1.1 试验概况

1 试件设计

共进行了 30 根木柱试件耐火极限的对比试验研究。通过加载获得相同规格未受火对比木柱试件的破坏荷载，然后进行不同荷载比木柱试件的耐火极限试验。试验参数包括：木材树种、截面尺寸、荷载比、表面防火处理措施、边界条件。其中木材树种包括花旗松锯材、南方松锯材和樟子松胶合木。试件截面包括方形和圆形两种截面形式，其中方形截面尺寸分别为 150mm×150mm、200mm×200mm 和 300mm×300mm，圆形截面直径分别为 200mm 和 350mm。木柱受火方式为四面受火。所有试件的具体试验参数见表 4-1。

四面受火木柱耐火极限试验参数表　　　　表 4-1

试件编号	树种	截面尺寸	受火方式	边界条件	表面防火处理措施	荷载比
N		200mm×200mm×4000mm	未受火对比		无	—
N240		200mm×200mm×4000mm				20%
N420		200mm×200mm×4000mm			无	35%
N600	花旗松锯材	200mm×200mm×4000mm	四面受火	两端固支		50%
NG240		200mm×200mm×4000mm				20%
NG600		200mm×200mm×4000mm			石灰膏抹面	50%
E200C	南方松锯材	φ200mm×4000mm	未受火对比	两端固支	无	—

68

试件编号	树种	截面尺寸	受火方式	边界条件	表面防火处理措施	荷载比
E200C30	南方松锯材	ϕ200mm×4000mm	四面受火	两端固支	无	30%
E200C50		ϕ200mm×4000mm				50%
E200CII30		ϕ200mm×4000mm			一麻五灰地仗	30%
E200CII50		ϕ200mm×4000mm				50%
E350C		ϕ350mm×4000mm	未受火对比		无	—
E350C30		ϕ350mm×4000mm	四面受火		无	30%
E350C50		ϕ350mm×4000mm				50%
E350CII30		ϕ350mm×4000mm			一麻五灰地仗	30%
E350CII50		ϕ350mm×4000mm				50%
GC-1	樟子松胶合木 1	200mm×200mm×3500mm	未受火对比	两端简支	无	—
GC-2		200mm×200mm×3500mm				—
GC-3		200mm×200mm×3500mm	四面受火		无	20%
GC-4		150mm×150mm×3500mm				20%
E200C-0	樟子松胶合木 2	200mm×200mm×4000mm	未受火对比	两端固支	无	—
E200C-30		200mm×200mm×4000mm	四面受火		无	30%
E200C-50		200mm×200mm×4000mm				50%
E200CI-30		200mm×200mm×4000mm			非膨胀型阻燃涂料 I	30%
E200CI-50		200mm×200mm×4000mm				50%
E300C-0		300mm×300mm×4000mm	未受火对比		无	—
E300C-30		300mm×300mm×4000mm	四面受火		无	30%
E300C-50		300mm×300mm×4000mm				50%
E300CI-30		300mm×300mm×4000mm			非膨胀型阻燃涂料 I	30%
E300CI-50		300mm×300mm×4000mm				50%

2 试验材料

试验用木材树种包括花旗松锯材、南方松锯材、樟子松胶合木 1、樟子松胶合木 2。实测木材材料性能如表 4-2 所示。

分别考虑石灰膏抹面、阻燃涂料和一麻五灰地仗等表面防火处理措施。阻燃涂料采用非膨胀型阻燃涂料 I，性能和用量与第 2.2 节相同。石灰膏抹面和一麻五灰地仗表面处理与第 2.2 节相同。

实测木材材料性能 表4-2

树种	密度 / (kg/m³)	含水率 / %	顺纹抗压强度 / MPa	顺纹抗拉强度 / MPa	顺纹抗弯强度 / MPa	弹性模量 / MPa
花旗松锯材	448	14.8	33.7	/	64.7	7404
南方松锯材	681	18.2	31.9	109.1	89.2	10490
樟子松胶合木 1	445	14.9	39.3	46.6	54.0	6100
樟子松胶合木 2	469	14.4	35.6	73.6	65.1	11925

注："/"代表没有检测该强度。

3 试验装置与方法

试验在耐火试验炉中进行，炉温按标准火灾升温曲线进行升温。木柱竖直放置于耐火试验炉中，试件两端 500mm 采用防火棉包裹，其余部分四面受火，试验布置见图4-1。试验前，根据火灾试验要求进行试件安装和封炉；正式加载前先进行预加载，以检查试验设备是否正常，并减少系统误差；正式加载时分 10 级加载至设定荷载，恒定 10min；然后按标准火灾升温曲线升温，升温过程中随时调节千斤顶油泵保证竖向荷载恒定，直至荷载无法保持或试件破坏或有火焰冒出，停止试验。并立即切断天然气和空气，待炉内温度降至 200℃以下后，开炉取出试件并浇水冷却。

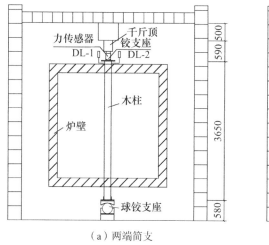
（a）两端简支

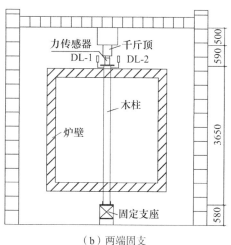
（b）两端固支

图4-1 加载装置图

受火试验结束后，在柱高 1/3 和 2/3 位置处分别截取 50mm 厚切片量测剩余截面尺寸，并取两者平均值，将所得剩余截面尺寸的均值与受火前原试件截面尺寸进行对比，得出木柱的炭化深度。

4 测点布置

对于未受火对比木柱试件，在木柱四侧中心位置布置应变片以测量加载过程中木柱的变形情况。对于耐火极限试件，在柱顶布置位移计以测量加载过程中木柱的轴向变形

（图 4-1）；在木柱截面不同位置布置热电偶以测量受火过程中木柱内部温度场变化情况，热电偶布置位置见图 4-2。

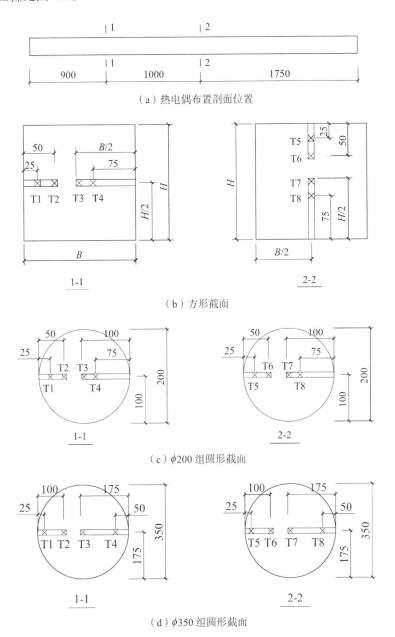

（a）热电偶布置剖面位置

（b）方形截面

（c）$\phi 200$ 组圆形截面

（d）$\phi 350$ 组圆形截面

图 4-2　典型截面热电偶布置图

4.1.2　试验现象

1　未受火对比试件

未受火对比试件加载到一定荷载时发出声响，沿木纤维发生开裂；随着荷载继续增大，开裂声逐渐变大；接近破坏荷载时，柱中受压区域附近纤维出现受压褶皱，伴随巨大声响，受压侧木纤维压溃，部分试件柱中受拉侧木纤维断裂，试件发生弯折破坏。典型未受火对比试件的破坏形态见图4-3。

（a）N

（b）E200C

（c）E200C-0

（d）E300C-0

图4-3　典型未受火对比试件破坏形态

2　受火试件

受火试件受火过程中，在耐火试验炉顶部有白色烟雾溢出，并随着受火时间的增加越来越浓。随着受火时间的增加，竖向位移逐渐增加。在接近耐火极限时，竖向位移急速增加，同时油压急速下降且不能持荷，停火结束试验。待炉内温度下降至200℃以下后，开炉取出试件并浇水冷却。发现试件受火面明显炭化，试件发生弯折破坏或弯曲破坏。四面受火后，可能因为一侧有裂缝或木节使单侧炭化速度与其他面不同，部分试件出现偏压情况。表面经一麻五灰地仗处理的试件开炉后观察到炭化层表面有一层白色覆盖物。典型受火试件的破坏形态见图4-4。

综上所述，长细比较大的部分对比试件GC-1、GC-2、E200C-0和部分受火试件发生受压屈曲破坏，破坏时受拉区木纤维发生断裂。而其他试件受压后受压侧木纤维发生压溃破坏。

（a）N240

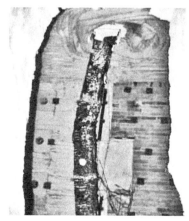
（b）NG240

（c）E200CII50

图4-4　典型受火试件的破坏形态（一）

（d）E350C50　　　　　　（e）E200CI-50　　　　　　（f）E300C-30

图 4-4　典型受火试件的破坏形态（二）

4.1.3　试验结果与分析

1　未受火对比试件

典型未受火对比试件荷载—位移曲线如图 4-5 所示，图中位移为试件轴向位移，各未受火对比试件的破坏荷载见表 4-3。

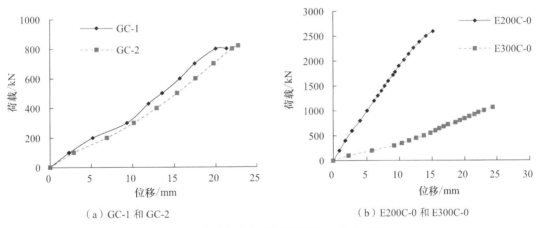

（a）GC-1 和 GC-2　　　　　　　　　　　　（b）E200C-0 和 E300C-0

图 4-5　典型未受火对比试件荷载—位移曲线

未受火对比试件的破坏荷载	表 4-3
试件编号	破坏荷载 /kN
N	1190
E200C	640
E350C	1770
GC-1	800

试件编号	破坏荷载 /kN
GC-2	824
E200C-0	1060
E300C-0	2620

由图 4-5 和表 4-3 可知，典型未受火对比试件的荷载—位移曲线近似呈线性，弹塑性阶段较短；未受火对比试件的破坏荷载和初始刚度随截面尺寸的增加显著增加。由于长细比较大的木柱发生受压屈曲破坏，当截面尺寸相同时，两端简支的木柱破坏荷载明显低于两端固支的木柱。

典型未受火对比试件侧面中心竖向应变随荷载变化曲线见图 4-6。由图 4-6 可知，未受火对比试件压应变基本随荷载线性增长。相同荷载作用下，截面尺寸越小试件的压应变越大。

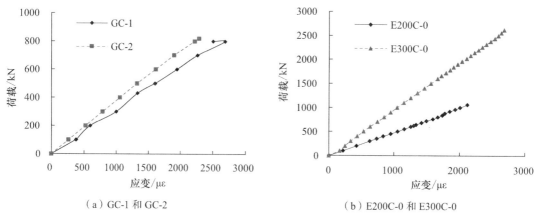

（a）GC-1 和 GC-2 　　　　　　　　（b）E200C-0 和 E300C-0

图 4-6　典型未受火对比试件荷载—应变曲线

2　耐火极限试验结果

根据国家标准《建筑构件耐火试验方法　第 1 部分：通用要求》GB/T 9978.1—2008[4-12]的规定，木柱耐火极限需要从失去承载能力这个指标进行判定，因此通过轴向压缩变形、轴向压缩变形变化率和试件破坏综合确定木柱的耐火极限。当柱的轴向压缩变形达到 $L/100$（式中 L 为柱初始高度，mm）（即轴向变形分别达到 35mm 或 40mm），或轴向压缩变形变化率大于 $3L/1000$（即轴向变形变化率分别达到 10.5mm/min 或 12mm/min）或持荷木柱发生断裂破坏时，即到达耐火极限。

典型四面受火木柱竖向位移随受火时间的变化曲线见图 4-7。典型四面受火木柱竖向位移变化率随受火时间的变化曲线见图 4-8。

根据四面受火木柱的竖向位移和竖向位移变化率综合判断其耐火极限，耐火极限试验结果见表 4-4。

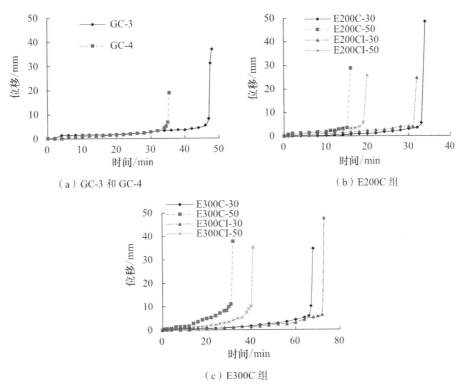

（a）GC-3 和 GC-4　　　　　　　　　（b）E200C 组

（c）E300C 组

图 4-7　四面受火木柱竖向位移随受火时间的变化曲线

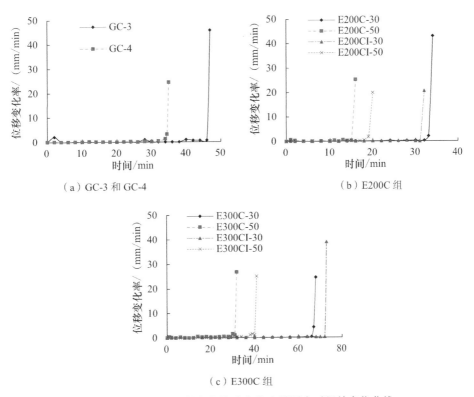

（a）GC-3 和 GC-4　　　　　　　　　（b）E200C 组

（c）E300C 组

图 4-8　四面受火木柱竖向位移变化率随受火时间的变化曲线

四面受火木柱耐火极限试验结果

表 4-4

试件编号	荷载比	持荷大小 /kN	耐火极限 /min
N240	20%	240	42.8
N420	35%	420	29.7
N600	50%	600	8.0
NG240	20%	240	61.3
NG600	50%	600	9.3
E200C30	30%	192	39.7
E200C50	50%	320	8.7
E200CII30	30%	192	56.0
E200CII50	50%	320	19.9
E350C30	30%	531	94.2
E350C50	50%	885	62.5
E350CII30	30%	531	123.7
E350CII50	50%	885	94.7
GC-3	20%	162	47.0
GC-4	20%	55	35.0
E200C-30	30%	318	34.0
E200C-50	50%	530	16.0
E200CI-30	30%	318	32.0
E200CI-50	50%	530	20.0
E300C-30	30%	786	68.0
E300C-50	50%	1310	32.0
E300CI-30	30%	786	73.0
E300CI-50	50%	1310	41.0

由表 4-4 可知：① 随着荷载比增加，四面受火木柱耐火极限明显降低，当荷载比由 30% 增加到 50% 时，耐火极限降低 12～36min。② 相同荷载比时，随着截面尺寸增加，四面受火木柱耐火极限明显提高，当方形截面尺寸由 200mm×200mm 增加到 300mm×300mm 时，耐火极限增加 16～34min，当圆形截面直径由 200mm 增加到 350mm 时，耐火极限增加 54～75min。③ 四面受火木柱表面采用石灰膏抹面处理后，耐火极限增

加 1～18min。④ 四面受火木柱表面采用一麻五灰地仗处理后，耐火极限增加 11～32min，截面尺寸越大，一麻五灰地仗对木柱耐火极限的提高效果越明显。⑤ 四面受火木柱表面采用非膨胀型阻燃涂料 I 处理后，耐火极限增加不明显。⑥ 相同截面尺寸和荷载比条件下，边界条件对四面受火木柱的耐火极限影响较小。

3　温度场分布

典型试件内部温度变化如图 4-9 所示。

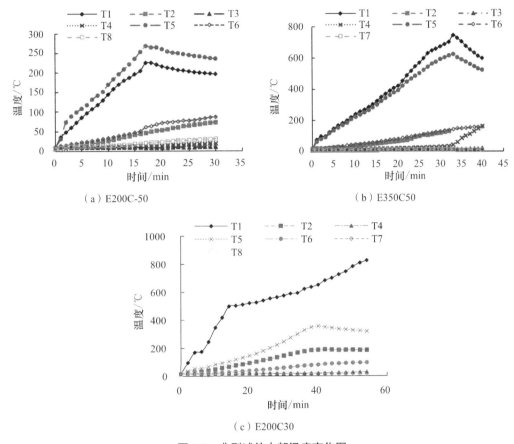

（a）E200C-50　　　　　　　　　　　　（b）E350C50

（c）E200C30

图 4-9　典型试件内部温度变化图

由图 4-9 可知：① 随着受火时间增加，木柱内部不同深度位置的温度均有不同程度的升高，越靠近截面边缘的部位升温越快，截面中心处升温缓慢。② 无表面防火处理措施的试件，接近耐火极限时各测点的温度较高；而表面采用一麻五灰地仗处理的试件，各测点的温度相对较低。

为了比较不同参数条件下四面受火木柱距边缘相同位置的温度变化情况，列出典型试件距侧面 25mm 和 50mm 处测点温度随受火时间变化，见图 4-10。

由图 4-10 可知：① 不同试件距侧面 25mm 和 50mm 处的温度变化规律大致相近。② 荷载比和截面尺寸对试件内部距离边缘相同位置处的温度变化无明显影响。③ 表面采用一麻五灰地仗处理可显著降低试件内部温度的上升速度。

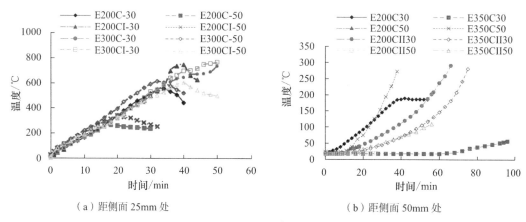

（a）距侧面 25mm 处　　　　　　　　（b）距侧面 50mm 处

图 4-10　试件距侧面 25mm 和 50mm 处温度变化图

4　炭化速度

典型四面受火圆木柱受火后截取的切片见图 4-11。

图 4-11　典型四面受火圆木柱截面切片图

由图 4-11 可知：① 木柱炭化后截面可分为炭化层、高温分解层和正常层。② 四面受火圆木柱受火后截面基本呈圆形，但也有截面呈椭圆形或有凸起，这主要是因为该截面受火前存在木节、裂缝或髓心等初始缺陷所致。

四面受火木柱炭化深度取三分之一高度和三分之二高度处截面炭化深度的平均值，炭化速度汇总见表 4-5。

木柱耐火极限试验结果 表 4-5

试件编号	耐火极限 /min	炭化深度 /mm		炭化速度 /（mm/min）	
		b	h	b	h
E200C30	39.7	27.3		0.69	
E200C50	8.7	7.6		0.87	
E200CII30	56.0	37.5		0.67	
E200CII50	19.9	10.3		0.52	

续表

试件编号	耐火极限 /min	炭化深度 /mm		炭化速度 / (mm/min)	
		b	h	b	h
E350C30	94.2	66.9		0.71	
E350C50	62.5	54.1		0.86	
E350CII30	123.7	55.8		0.45	
E350CII50	94.7	43.3		0.46	
E200C-30	34	27.5	28.5	0.81	0.84
E200C-50	16	13.5	12.3	0.84	0.77
E200CI-30	32	24.8	26.0	0.78	0.81
E200CI-50	20	13.8	16.3	0.69	0.82
E300C-30	68	59.0	56.3	0.87	0.83
E300C-50	32	24.0	26.0	0.75	0.81
E300CI-30	73	55.8	58.3	0.76	0.80
E300CI-50	41	33.5	33.3	0.82	0.81

注：对于圆木柱，b 和 h 方向的炭化深度和炭化速度为其沿直径方向的炭化深度和炭化速度。

由表 4-5 可知：① 无表面防火处理措施四面受火木柱的炭化速度为 0.52～0.87mm/min，与欧洲标准给出的计算值接近。由于开炉时部分试件仍在阴燃或继续燃烧，因而其炭化速度较实际略高。② 表面采用一麻五灰地仗处理后，四面受火圆木柱的炭化速度为 0.45～0.67mm/min，与无表面防火处理圆木柱相比显著减小，且荷载比较大时炭化速度减小更明显。③ 表面采用非膨胀型阻燃涂料 I 处理后，四面受火木柱的炭化速度为 0.76～0.82mm/min，与无表面防火处理措施木柱相比略有减小。④ 木柱的炭化速度随荷载比增加而略有增加，这主要是因为荷载比较大时，木柱表面的裂缝较大，导致炭化速度较大。

4.2　四面受火木柱受火后力学性能的试验研究

4.2.1　试验概况

1　试件设计

试件设计制作与第 2 章相同。四面受火木柱受火后力学性能试验参数见表 4-6。

四面受火木柱受火后力学性能试验参数　　　　　　　　　　　　表 4-6

编号	树种	试件尺寸	受火方式	表面防火处理措施	受火时间 /min
100NCt	新花旗松锯材 1	100mm×100mm×500mm	四面受火	无	0、10、15、30
150NCt		150mm×150mm×500mm			0、10、15、20、30、45

续表

编号	树种	试件尺寸	受火方式	表面防火处理措施	受火时间 /min
200NCt	新花旗松锯材 1	200mm×200mm×500mm	四面受火	无	0、10、15、20、30、45
300NCt		300mm×300mm×500mm			0、10、15、30
150Ot	旧花旗松锯材	150mm×125mm×500mm	四面受火	无	0、10、15、30
S200Ct	南方松锯材	φ200mm×600mm	四面受火	无	0、20、40、60
S350Ct		φ350mm×600mm			0、20、40、60
S200CIt		φ200mm×600mm		非膨胀型 阻燃涂料 I	20、40
S350CIt		φ350mm×600mm			20、40
S200CIIt		φ200mm×600mm		一麻五灰地仗	20、40、60
S350CIIt		φ350mm×600mm			20、40、60
200Ct	樟子松胶合木 2	200mm×200mm×600mm	四面受火	无	0、20、40、60
300Ct		300mm×300mm×600mm			0、20、40、60
200CIt		200mm×200mm×600mm		非膨胀型 阻燃涂料 I	20、40、60
300CIt		300mm×300mm×600mm			20、40、60

2 试验材料

试验用木材树种包括新花旗松、从某旧别墅上拆除的已使用超过 90 年的旧花旗松、南方松和樟子松。其中樟子松为胶合木，其余均为锯材。实测木材的材料性能见表 4-7。

实测木材材料性能 表 4-7

树种	密度 / （kg/m³）	含水率 / %	顺纹抗压强度 / MPa	顺纹抗拉强度 / MPa	顺纹抗弯强度 / MPa	弹性模量 / MPa
新花旗松锯材 1	448	14.8	33.7	/	64.7	7404
旧花旗松锯材	464	11.1	41.5	/	71.2	8590
南方松锯材	681	18.2	31.9	109.1	89.2	10490
樟子松胶合木 2	469	14.4	35.6	73.6	65.1	11925

注："/"代表没有检测该强度。

3 试验装置与方法

受火试验在耐火试验炉中进行，炉温采用标准火灾升温曲线。到达设定受火时间后立即切断燃气拔风冷却，待炉温降至 200℃以下后打开炉门，吊出试件后进行浇水冷却。

静载试验在电液伺服试验机上进行，采用连续均匀加载方式，加载速度为 1.0mm/min。采用 DH3817 动态采集系统进行数据采集，荷载下降至破坏荷载的 85% 时，试验终止。

4 试验量测

试验过程中，在试件上端布置两个拉线式位移计测试试件竖向位移。为了测量试件在加载过程中的应变情况，在木柱侧面 1/2 高度处粘贴应变片，应变片粘贴前需先去除受火后木柱表面的炭化层和高温分解层。

4.2.2　试验现象

1　未受火对比试件

未受火对比锯材试件加载过程中，四个侧面竖向应变较接近，呈典型的轴压破坏特征，破坏时木纤维剥离并发生弯折破坏。未受火对比胶合木试件加载到一定荷载时出现裂缝，随着荷载继续增加，木柱最外层沿胶合面出现竖向裂缝，破坏时木纤维发生弯折破坏。典型未受火对比试件的破坏形态见图 4-12。

（a）200C　　　　　　　　　　（b）300C　　　　　　　　　　（c）S350C

图 4-12　典型未受火对比试件破坏形态

2　四面受火后试件

受火时间较短的四面受火木柱加载过程中四个侧面中心竖向应变存在一定偏差，试件仍基本为轴压破坏；受火时间较长的四面受火木柱加载过程中四个侧面中心竖向应变偏差较大，呈典型偏压破坏特征。受火后胶合木柱试件最外层沿胶合面出现竖向裂缝，破坏时木纤维发生弯折破坏。典型四面受火后试件的破坏形态见图 4-13。

（a）S200C20　　　　　　　　（b）S200CI40　　　　　　　　（c）S350CII20

图 4-13　典型四面受火后试件破坏形态（一）

81

| （d）200C 20 | （e）200C 60 | （f）300CI 40 |

图 4-13　典型四面受火后试件破坏形态（二）

4.2.3　试验结果与分析

1　受火后破坏荷载

四面受火木柱不同受火时间后力学性能试验结果见表 4-8。

四面受火木柱不同受火时间后力学性能试验结果　　　　表 4-8

试件编号	破坏位移 Δ_u/mm	破坏荷载 P_u/kN	P_u 下降幅度 α/%
100NC	9.11	401.9	0.0
100NC10	3.25	242.7	39.6
100NC15	2.56	167.0	58.4
100NC30	1.45	75.5	81.2
150NC	5.74	449.6	0.0
150NC10	6.95	377.9	15.9
150NC15	5.50	203.2	54.8
150NC20	6.64	249.8	44.4
150NC30	6.07	138.8	69.1
150NC45	2.40	35.0	92.2
200NC	11.20	1050.8	0.0
200NC10	5.10	821.7	21.8
200NC15	5.90	643.1	38.8
200NC20	8.50	683.8	34.9
200NC30	9.90	416.6	60.4
200NC45	6.10	268.1	74.5

续表

试件编号	破坏位移 Δ_u/mm	破坏荷载 P_u/kN	P_u 下降幅度 α/%
300NC	10.70	1793.0	0.0
300NC10	9.20	1366.0	23.8
300NC15	9.30	1199.4	33.1
300NC30	8.90	1083.8	39.6
150O	26.58	591.0	0.0
150O10	7.96	386.0	34.7
150O15	5.29	302.9	48.7
150O30	3.49	214.4	63.7
S200C	8.07	698.5	0.0
S200C20	8.72	627.2	10.2
S200C40	8.67	222.0	68.2
S200C60	6.67	138.5	80.2
S200CI20	5.72	502.7	28.0
S200CI40	10.82	260.3	62.7
S200CII20	6.02	532.1	23.8
S200CII40	7.47	359.2	48.6
S200CII60	12.23	211.8	69.7
S350C	6.98	2053.0	0.0
S350C20	7.99	1616.0	21.3
S350C40	6.79	1514.0	26.3
S350C60	14.51	1129.0	45.0
S350CI20	12.50	1945.0	5.3
S350CI40	7.21	1082.0	47.3
S350CII20	5.01	1759.0	14.3
S350CII40	10.79	1690.0	17.7
S350CII60	7.50	1578.0	23.1
200C 0	8.41	1368.5	0.0
200C 20	25.04	985.0	28.0
200C 40	24.09	600.4	56.1
200C 60	9.79	548.0	60.0
200CI 20	4.80	923.0	32.6

试件编号	破坏位移 Δ_u/mm	破坏荷载 P_u/kN	P_u 下降幅度 α/%
200CI 40	5.84	699.5	48.9
200CI 60	3.17	364.7	73.4
300C 0	12.78	2801.0	0.0
300C 20	16.31	1839.5	34.3
300C 40	14.86	1681.0	40.0
300C 60	12.56	1368.5	51.1
300CI 20	12.25	2200.5	21.4
300CI 40	7.45	1731.0	38.2
300CI 60	4.97	1425.5	49.1

由表 4-8 可知：① 随受火时间增加，四面受火木柱破坏荷载明显降低。② 相同受火时间下，截面较大试件的破坏荷载下降幅度明显小于截面较小试件；截面尺寸为 200mm×200mm 胶合木柱在受火时间为 20~60min 时破坏荷载下降 28%~73%，而截面尺寸为 300mm×300mm 胶合木柱在受火时间为 20~60min 时破坏荷载仅下降 21%~51%。③ 除 200CI 20、200CI 60 外，其余表面采用非膨胀型阻燃涂料 I 处理胶合木柱的破坏荷载均略大于无表面处理措施试件。④ 表面采用一麻五灰地仗处理后，试件破坏荷载下降幅度小于无表面防火处理措施试件。

2 荷载—位移曲线

典型四面受火木柱不同受火时间后荷载—位移曲线见图 4-14。

由图 4-14 可知：① 不同表面处理木柱四面受火后荷载—位移曲线的大致趋势相同，均可分为线性增长、屈服和破坏三阶段。② 四面受火后试件初始刚度均小于未受火对比试件，且初始刚度随受火时间增加下降幅度增大。③ 表面采用一麻五灰地仗处理后，四面受火后木柱的初始刚度较无表面防火处理措施试件有所增加。

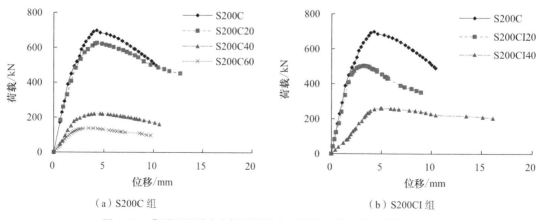

（a）S200C 组　　　　　　　　　　　（b）S200CI 组

图 4-14　典型四面受火木柱不同受火时间后荷载—位移曲线（一）

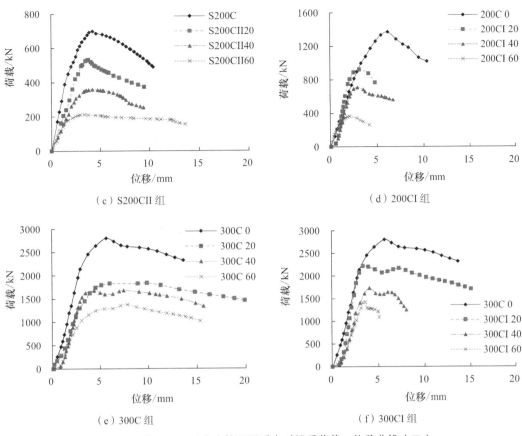

（c）S200CII 组　　　　　　　（d）200CI 组

（e）300C 组　　　　　　　（f）300CI 组

图 4-14　典型四面受火木柱不同受火时间后荷载—位移曲线（二）

3　荷载—应变曲线

典型四面受火后木柱荷载—应变曲线见图 4-15，其中应变采集自柱侧面中心位置。

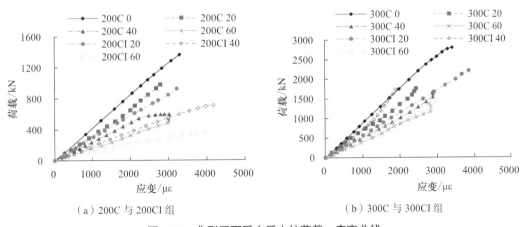

（a）200C 与 200CI 组　　　　　　（b）300C 与 300CI 组

图 4-15　典型四面受火后木柱荷载—应变曲线

由图 4-15 可知：① 各试件压应变均随荷载增加而增加。② 在相同荷载条件下，四面受火后木柱的竖向压应变大于未受火对比试件，且随受火时间增加应变增大。③ 在相同荷载条件下，有无非膨胀型阻燃涂料Ⅰ对相同受火时间后木柱的竖向压应变影响不大。

4.3 单面和相邻两面受火木柱受火后力学性能的试验研究

4.3.1 试验概况

1 试件设计

试件设计制作与第2章相同。单面和相邻两面受火木柱受火后力学性能试验参数见表4-9。

单面和相邻两面受火木柱受火后力学性能试验参数　　表4-9

编号	树种	试件尺寸	受火方式	表面防火处理措施	受火时间 /min
200Bt	新花旗松锯材2	200mm×200mm×500mm	相邻两面受火	无	0、10、20、30、45
150Bt		150mm×150mm×500mm			0、10、20、30、45
200BPt		200mm×200mm×500mm		膨胀型阻燃涂料	10、20、30、45
150BPt		150mm×150mm×500mm			10、20、30、45
200BGt		200mm×200mm×500mm		石灰膏抹面	10、20、30、45
150BGt		150mm×150mm×500mm			10、20、30、45
200At	新花旗松锯材2	200mm×200mm×500mm	单面受火	无	10、20、30、45
200APt		200mm×200mm×500mm		膨胀型阻燃涂料	10、20、30、45

2 试验材料

试验用木材为新花旗松锯材。实测木材的材料性能见表4-10。

实测木材材料性能　　表4-10

树种	密度 / （kg/m³）	含水率 / %	顺纹抗压强度 / MPa	顺纹抗拉强度 / MPa	弹性模量 / MPa
新花旗松锯材2	448	16.3	33.4	99.4	16833

3 试验装置与方法

试验过程和测点布置与4.2节相同。

4.3.2 试验现象

1 未受火对比试件

未受火对比试件加载过程中，四个侧面中心竖向应变较接近，呈典型的轴压破坏特征，破坏时木纤维剥离发生弯折破坏。典型未受火对比试件的破坏形态见图4-16。

（a）150B　　　　　　　　　（b）200B

图 4-16　未受火对比试件破坏形态

2　相邻两面受火后试件

相邻两面受火后木柱受压破坏的典型特征为：木柱沿木纤维发生开裂，木纤维发生弯折或压溃破坏，部分受火时间较长的木柱发生整体贯通劈裂破坏。加载过程中四个侧面中心竖向应变偏差较大，偏压特征比较明显。典型相邻两面受火后试件的破坏形态见图 4-17。

3　单面受火后试件

单面受火后木柱受压破坏的典型特征为：木柱向未受火面弯曲，受火时间较短木柱的木纤维受压褶皱后发生压溃破坏，受火时间较长木柱发生整体贯通劈裂破坏或木纤维开裂后弯折破坏。典型单面受火后试件的破坏形态见图 4-18。

（a）150B10　　　　　　　（b）150BG20　　　　　　　（c）150BP30

图 4-17　典型相邻两面受火后试件破坏形态（一）

87

（d）200B10 　　　　　（e）200BG30 　　　　　（f）200BP20

图 4-17　典型相邻两面受火后试件破坏形态（二）

（a）200A10 　　　　　（b）200A30 　　　　　（c）200A45

（d）200AP10 　　　　　（e）200AP30 　　　　　（f）200AP45

图 4-18　典型单面受火后试件破坏形态

4.3.3　试验结果与分析

1　受火后破坏荷载

相邻两面受火木柱不同受火时间后力学性能试验结果见表 4-11。

相邻两面受火木柱受火后力学性能试验结果　　　　　　表 4-11

试件编号	破坏位移 Δ_u/mm	破坏荷载 P_u/kN	P_u 下降幅度 α/%
150B	12.72	580	0.0
150B10	10.69	410	29.3
150B20	3.70	182	68.6
150B30	3.10	148	74.5
150B45	3.11	120	79.3
150BG10	7.86	550	5.2
150BG20	4.09	368	36.6
150BG30	3.04	160	72.4
150BG45	3.57	200	65.5
150BP10	8.26	426	26.6
150BP20	5.32	420	27.6
150BP30	4.80	240	58.6
150BP45	5.13	207	64.3
200B	15.00	1050	0.0
200B10	8.78	850	19.0
200B20	8.31	500	52.4
200B30	8.01	252	76.0
200B45	8.19	462	56.0
200BG10	10.00	875	16.7
200BG20	9.64	600	42.9
200BG30	7.83	320	69.5
200BG45	8.12	444	57.7
200BP10	14.14	740	29.5
200BP20	11.32	600	42.9
200BP30	9.66	420	60.0
200BP45	8.04	380	63.8

由表 4-11 可知：① 相邻两面受火后木柱破坏荷载和破坏位移总体上随受火时间增加而不断降低，并且下降速度逐渐变慢；其中有部分受火 30min 的木构件（150BG30、

200B30 和 200BG30）破坏荷载偏低（比相同条件受火 45min 的低），其原因主要是封炉不严密，在开炉后发现木构件明火并未熄灭导致其实际受火时间增加所致。② 相同条件下，截面较大木柱的破坏荷载下降幅度明显小于截面较小木柱。③ 膨胀型阻燃涂料和石灰膏抹面处理木柱受火后破坏荷载总体上高于无表面防火处理措施的木柱。

单面受火木柱不同受火时间后力学性能试验结果见表 4-12。

单面受火木柱受火后力学性能试验结果 表 4-12

试件编号	破坏位移 $\varDelta_u$/mm	破坏荷载 P_u/kN	P_u 下降幅度 α/%
200A10	8.95	920	12.4
200A20	7.69	700	33.3
200A30	7.11	440	58.1
200A45	6.00	488	53.5
200AP10	9.58	1020	2.9
200AP20	8.76	760	27.6
200AP30	7.11	540	48.6
200AP45	8.27	500	52.4

由表 4-12 可知：① 与相邻两面受火后木柱相同，单面受火后木柱破坏荷载和破坏位移总体上随受火时间增加而不断降低，并且下降速度逐渐变慢；其中受火 30min 木构件（200A30）由于未及时灭火导致破坏荷载偏低。② 相同截面尺寸和表面处理条件下，单面受火后木柱破坏荷载下降幅度明显低于相邻两面受火后木柱。③ 膨胀型阻燃涂料处理木柱受火后破坏荷载总体上高于无表面防火处理措施的木柱。

2 荷载—位移曲线

相邻两面受火后木柱荷载—位移曲线见图 4-19。

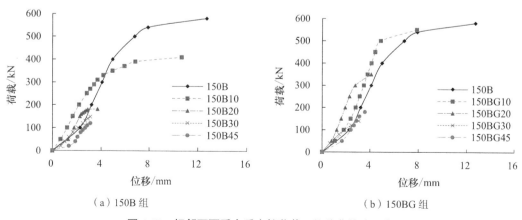

（a）150B 组　　　　　　　　　　　（b）150BG 组

图 4-19　相邻两面受火后木柱荷载—位移曲线（一）

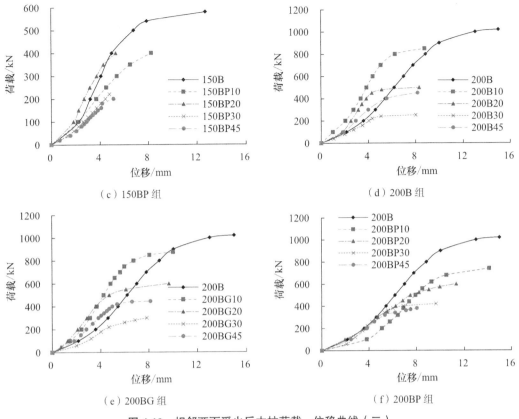

(c) 150BP 组　　　　　　　　(d) 200B 组

(e) 200BG 组　　　　　　　　(f) 200BP 组

图 4-19　相邻两面受火后木柱荷载—位移曲线（二）

由图 4-19 可知：① 随着受火时间增加，相邻两面受火后木柱的破坏荷载明显降低。② 受火时间越长，木柱破坏位移越小，木柱构件进入塑性变形后的屈服平台越来越不明显。③ 加载初期，荷载—位移曲线的斜率较小，随着荷载增加刚度逐渐增加，木材进入弹塑性阶段后刚度开始变小，这主要是因为木材比较疏松，随着荷载的增加越来越紧密，刚度逐渐增大。

单面受火后木柱荷载—位移曲线见图 4-20。

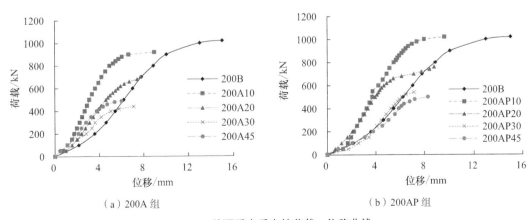

(a) 200A 组　　　　　　　　(b) 200AP 组

图 4-20　单面受火后木柱荷载—位移曲线

由图 4-20 可知：① 单面受火后木柱的破坏荷载随着受火时间增加而降低。② 受火时间越长，木柱破坏位移越小。③ 相同截面尺寸和表面防火处理措施下，单面受火后木柱的刚度明显大于相邻两面受火后木柱。

3 荷载—应变曲线

相邻两面受火后木柱荷载—应变曲线见图 4-21。

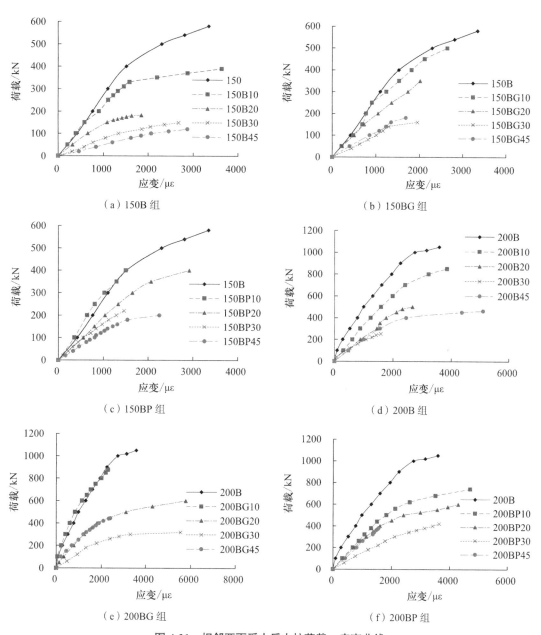

（a）150B 组　　　　　　　　　　　（b）150BG 组

（c）150BP 组　　　　　　　　　　　（d）200B 组

（e）200BG 组　　　　　　　　　　　（f）200BP 组

图 4-21　相邻两面受火后木柱荷载—应变曲线

由图 4-21 可知：① 受火时间越长，相邻两面受火后木柱破坏荷载越小，相同荷载作用下其竖向应变越大。② 加载初期，荷载—应变曲线近似呈线性，随着荷载增加逐渐进入弹塑性阶段。③ 随着受火时间增加，相邻两面受火后木柱刚度明显下降。

单面受火后木柱荷载—应变曲线见图 4-22。

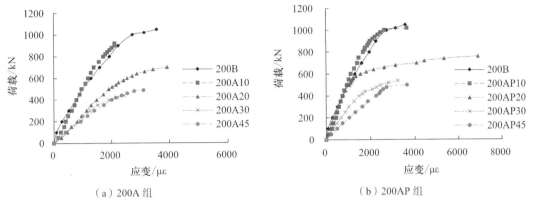

（a）200A 组　　　　　　　　　（b）200AP 组

图 4-22　单面受火后木柱荷载—应变曲线

由图 4-22 可知：① 与相邻两面受火后木柱相同，单面受火后木柱破坏荷载随受火时间增加而减小，相同荷载作用下其竖向应变增大。② 加载初期，荷载—应变曲线近似呈线性，随着荷载增加逐渐进入弹塑性阶段。③ 随着受火时间增加，单面受火后木柱刚度明显下降。相同截面尺寸和表面防火处理措施条件下，单面受火后木柱的刚度明显大于相邻两面受火后木柱。

4.4　木柱抗火性能试验值与标准计算值对比

4.4.1　四面受火木柱耐火极限

四面受火木柱耐火极限试验值与我国国家标准《木结构设计标准》GB 50005—2017[4-13]和欧洲标准 EC5[4-14]计算值对比见表 4-13 和图 4-23。由于目前国内外标准的防火设计方法未涉及本章采用的表面防火处理措施，对于有表面防火处理措施的木柱采用标准中无表面防火处理构件的计算公式进行计算。

由表 4-13 和图 4-23 可知，四面受火木柱的耐火极限随荷载比增加非线性下降，我国国家标准《木结构设计标准》GB 50005—2017 和欧洲标准 EC5 的四面受火木柱耐火极限计算值相差较大，欧洲标准的耐火极限计算值显著低于我国国家标准。这主要是因为两本标准对于炭化深度和稳定系数的计算方法略有不同。

表 4-13

木柱耐火极限试验值与标准计算值对比

编号	荷载比	耐火极限试验值/min	耐火极限计算值 /min	
			GB 50005—2017	EC5
N240	20%	42.8	45.7	45.7

续表

编号	荷载比	耐火极限试验值/min	耐火极限计算值/min	
			GB 50005—2017	EC5
N420	35%	29.7	25.3	25.3
N600	50%	8.0	10.8	10.8
NG240	20%	61.3	45.7	45.7
NG600	50%	9.3	10.8	10.8
E200C30	30%	39.7	38.4	34.6
E200C50	50%	8.7	20.2	21.7
E200CII30	30%	56.0	38.4	34.6
E200CII50	50%	19.9	20.2	21.7
E350C30	30%	94.2	114.2	98.2
E350C50	50%	62.5	75.5	72.4
E350CII30	30%	123.7	114.2	98.2
E350CII50	50%	94.7	75.5	72.4
GC-3	20%	47	40.2	37.2
GC-4	20%	35	27.0	24.5
E200C-30	30%	34	37.6	40.1
E200C-50	50%	16	19.1	21.2
E200CI-30	30%	32	37.6	40.1
E200CI-50	50%	20	19.1	21.2
E300C-30	30%	68	67.0	72.2
E300C-50	50%	32	29.4	36.8
E300CI-30	30%	73	67.0	72.2
E300CI-50	50%	41	29.4	36.8

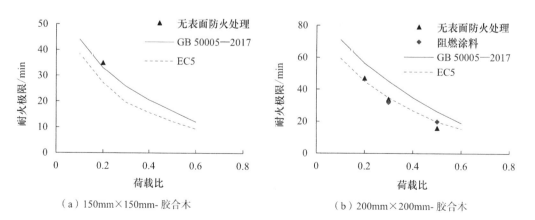

（a）150mm×150mm-胶合木　　　（b）200mm×200mm-胶合木

图 4-23　耐火极限试验值与标准计算值对比（一）

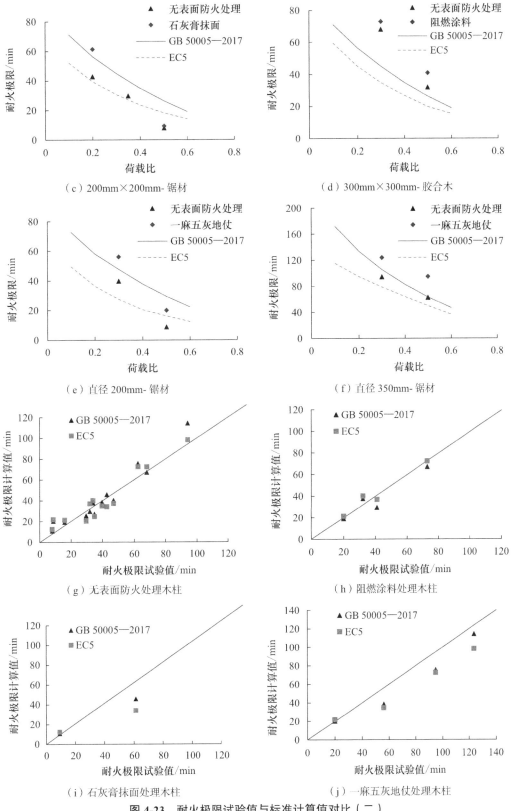

（c）200mm×200mm- 锯材

（d）300mm×300mm- 胶合木

（e）直径 200mm- 锯材

（f）直径 350mm- 锯材

（g）无表面防火处理木柱

（h）阻燃涂料处理木柱

（i）石灰膏抹面处理木柱

（j）一麻五灰地仗处理木柱

图 4-23 耐火极限试验值与标准计算值对比（二）

对于无表面防火处理措施木柱，我国国家标准和欧洲标准的耐火极限计算值与试验值接近，欧洲标准的耐火极限计算值略低于试验值。对于采用非膨胀型阻燃涂料Ⅰ处理木柱，按我国国家标准和欧洲标准中无表面防火处理的计算公式得到的耐火极限计算值与试验值接近；对于石灰膏抹面和一麻五灰地仗处理的木柱，由于其防火保护效果明显，按我国国家标准和欧洲标准中无表面防火处理的计算公式得到的耐火极限计算值比试验值低很多，且耐火极限越高差距越明显。

4.4.2 四面受火木柱受火后破坏荷载

将四面受火木柱受火后破坏荷载试验值与我国国家标准《木结构设计标准》GB 50005—2017[4-13]和欧洲标准EC5[4-14]计算值进行对比，为方便对不同截面尺寸的试件进行比较，采用无量纲的破坏荷载折减系数（受火后破坏荷载与相应试件未受火破坏荷载的比值）进行对比，见表4-14和图4-24。由于目前国内外技术标准的防火设计方法未涉及本章采用的表面防火处理措施，对于有表面防火处理措施的木柱采用技术标准中无表面防火处理措施构件的计算公式进行计算。

破坏荷载折减系数试验值与标准计算值对比　　　　　　　　表 4-14

试件编号	受火时间 /min	破坏荷载折减系数试验值	破坏荷载折减系数计算值	
			GB 50005—2017	EC5
100NC	0	1.00	1.00	1.00
100NC10	10	0.60	0.62	0.59
100NC15	15	0.42	0.50	0.43
100NC30	30	0.19	0.23	0.14
150NC	0	1.00	1.00	1.00
150NC10	10	0.84	0.74	0.72
150NC15	15	0.45	0.64	0.59
150NC20	20	0.56	0.56	0.48
150NC30	30	0.31	0.43	0.34
150NC45	45	0.08	0.27	0.18
200NC	0	1.00	1.00	1.00
200NC10	10	0.78	0.80	0.78
200NC15	15	0.61	0.73	0.68
200NC20	20	0.65	0.66	0.59
200NC30	30	0.40	0.55	0.48
200NC45	45	0.26	0.41	0.32

续表

试件编号	受火时间 /min	破坏荷载折减系数 试验值	破坏荷载折减系数计算值	
			GB 50005—2017	EC5
300NC	0	1.00	1.00	1.00
300NC10	10	0.76	0.86	0.85
300NC15	15	0.67	0.81	0.78
300NC30	30	0.60	0.68	0.63
150O	0	1.00	1.00	1.00
150O10	10	0.65	0.71	0.69
150O15	15	0.51	0.61	0.56
150O30	30	0.36	0.38	0.30
S200C	0	1.00	1.00	1.00
S200C20	20	0.90	0.66	0.59
S200C40	40	0.32	0.45	0.37
S200C60	60	0.20	0.30	0.20
S200CI20	20	0.72	0.66	0.59
S200CI40	40	0.37	0.45	0.37
S200CII20	20	0.76	0.66	0.59
S200CII40	40	0.51	0.45	0.37
S200CII60	60	0.30	0.30	0.20
S350C	0	1.00	1.00	1.00
S350C20	20	0.79	0.80	0.75
S350C40	40	0.74	0.66	0.60
S350C60	60	0.55	0.55	0.47
S350CI20	20	0.95	0.80	0.75
S350CI40	40	0.53	0.66	0.60
S350CII20	20	0.86	0.80	0.75
S350CII40	40	0.82	0.66	0.60
S350CII60	60	0.77	0.55	0.47
200C 0	0	1.00	1.00	1.00
200C 20	20	0.72	0.66	0.62
200C 40	40	0.44	0.45	0.42

续表

试件编号	受火时间 /min	破坏荷载折减系数试验值	破坏荷载折减系数计算值	
			GB 50005—2017	EC5
200C 60	60	0.40	0.30	0.26
200CI 20	20	0.67	0.66	0.62
200CI 40	40	0.51	0.45	0.42
200CI 60	60	0.27	0.30	0.26
300C 0	0	1.00	1.00	1.00
300C 20	20	0.66	0.77	0.74
300C 40	40	0.60	0.61	0.59
300C 60	60	0.49	0.48	0.45
300CI 20	20	0.79	0.77	0.74
300CI 40	40	0.62	0.61	0.59
300CI 60	60	0.51	0.48	0.45

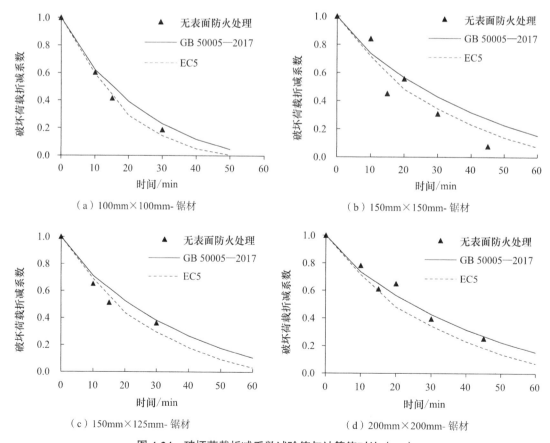

（a）100mm×100mm- 锯材

（b）150mm×150mm- 锯材

（c）150mm×125mm- 锯材

（d）200mm×200mm- 锯材

图 4-24　破坏荷载折减系数试验值与计算值对比（一）

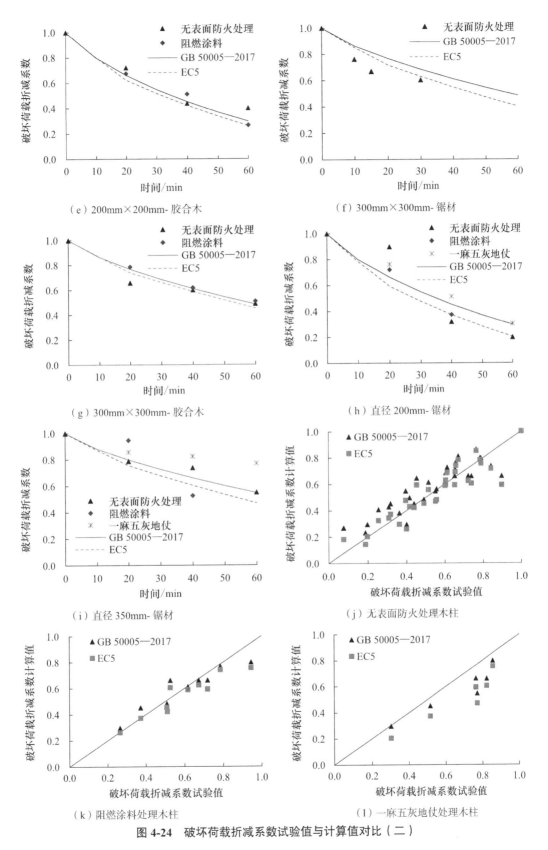

（e）200mm×200mm-胶合木

（f）300mm×300mm-锯材

（g）300mm×300mm-胶合木

（h）直径 200mm-锯材

（i）直径 350mm-锯材

（j）无表面防火处理木柱

（k）阻燃涂料处理木柱

（l）一麻五灰地仗处理木柱

图 4-24　破坏荷载折减系数试验值与计算值对比（二）

由表 4-14 和图 4-24 可知，对于锯材木柱，按欧洲标准的破坏荷载折减系数计算值略低于我国国家标准计算值；对于胶合木柱，两本技术标准的破坏荷载折减系数计算值接近。随着受火时间增加，四面受火后木柱的破坏荷载呈非线性下降。

对于无表面防火处理措施和非膨胀型阻燃涂料 I 处理木柱，按我国国家标准和欧洲标准中无表面防火处理得到的破坏荷载折减系数计算值与试验值接近；对于一麻五灰地仗处理的木柱，按我国国家标准和欧洲标准中无表面防火处理得到的破坏荷载折减系数计算值比试验值低很多。这说明，对于无表面防火处理和阻燃涂料处理的木柱，我国国家标准和欧洲标准的计算结果与试验结果较吻合；对于一麻五灰地仗处理的木柱，由于其防火保护效果明显，我国国家标准和欧洲标准破坏荷载折减系数的计算值偏于保守，可适当考虑有效表面防火处理措施的贡献。

4.4.3 相邻两面受火木柱受火后破坏荷载

将相邻两面受火木柱受火后破坏荷载试验值与我国国家标准《木结构设计标准》GB 50005—2017[4-13] 和欧洲标准 EC5[4-14] 计算值进行对比，为方便对不同截面尺寸的试件进行比较，采用无量纲的破坏荷载折减系数（受火后破坏荷载与相应试件未受火破坏荷载的比值）进行对比，见表 4-15 和图 4-25。由于目前国内外标准的防火设计方法未涉及本章采用的表面防火处理措施，对于有表面防火处理的木柱采用标准中无表面防火处理构件的计算公式进行计算。

相邻两面受火后木柱破坏荷载折减系数试验值与标准计算值对比　　　　表 4-15

试件编号	受火时间 /min	破坏荷载折减系数试验值	破坏荷载折减系数计算值	
			GB 50005—2017	EC5
150B	0	1.00	1.00	1.00
150B10	10	0.71	0.86	0.85
150B20	20	0.31	0.77	0.72
150B30	30	0.26	0.68	0.63
150B45	45	0.21	0.58	0.51
150BG10	10	0.95	0.86	0.85
150BG20	20	0.63	0.77	0.72
150BG30	30	0.28	0.68	0.63
150BG45	45	0.35	0.58	0.51
150BP10	10	0.73	0.86	0.85
150BP20	20	0.72	0.77	0.72
150BP30	30	0.41	0.68	0.63
150BP45	45	0.36	0.58	0.51

续表

试件编号	受火时间 /min	破坏荷载折减系数 试验值	破坏荷载折减系数计算值	
			GB 50005—2017	EC5
200B	0	1.00	1.00	1.00
200B10	10	0.81	0.90	0.89
200B20	20	0.48	0.82	0.78
200B30	30	0.24	0.76	0.71
200B45	45	0.44	0.67	0.62
200BG10	10	0.83	0.90	0.89
200BG20	20	0.57	0.82	0.78
200BG30	30	0.31	0.76	0.71
200BG45	45	0.42	0.67	0.62
200BP10	10	0.71	0.90	0.89
200BP20	20	0.57	0.82	0.78
200BP30	30	0.40	0.76	0.71
200BP45	45	0.36	0.67	0.62

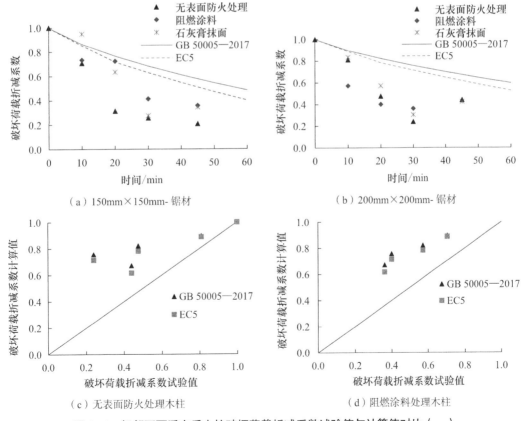

（a）150mm×150mm- 锯材　　　　（b）200mm×200mm- 锯材

（c）无表面防火处理木柱　　　　（d）阻燃涂料处理木柱

图 4-25　相邻两面受火后木柱破坏荷载折减系数试验值与计算值对比（一）

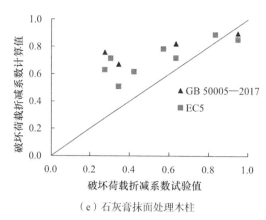

（e）石灰膏抹面处理木柱

图 4-25 相邻两面受火后木柱破坏荷载折减系数试验值与计算值对比（二）

由表 4-15 和图 4-25 可知，对于锯材木柱，按欧洲标准得到的破坏荷载折减系数计算值略低于我国国家标准计算值。随着受火时间增加，相邻两面受火后木柱的破坏荷载非线性下降，且下降幅度小于四面受火后木柱。

相邻两面受火后木柱破坏荷载折减系数试验值基本低于按我国国家标准和欧洲标准中无表面防火处理得到的破坏荷载折减系数。这主要是因为明火试验中，未受火面包裹防火棉难以保证完全紧密，使未受火面也发生了部分炭化；另外，受火后木柱可能不能及时熄灭冷却，使其实际受火时间大于设定受火时间。这些均导致木柱的实际炭化深度大于设定受火时间的炭化深度。

4.4.4 单面受火木柱受火后破坏荷载

将单面受火木柱受火后破坏荷载试验值与我国国家标准《木结构设计标准》GB 50005—2017[4-13] 和欧洲标准 EC5[4-14] 计算值进行对比，为方便不同截面尺寸的试件进行比较，采用无量纲的破坏荷载折减系数（受火后破坏荷载与相应试件未受火破坏荷载的比值）进行对比，见表 4-16 和图 4-26。由于目前国内外标准的防火设计方法未涉及本章采用的表面防火处理措施，对于有表面防火处理的木柱采用标准中无表面防火处理构件的计算公式进行计算。

单面受火后木柱破坏荷载折减系数试验值与标准计算值对比　　表 4-16

试件编号	受火时间 /min	破坏荷载折减系数试验值	破坏荷载折减系数计算值	
			GB 50005—2017	EC5
200A10	10	0.88	0.95	0.94
200A20	20	0.67	0.91	0.89
200A30	30	0.42	0.87	0.85
200A45	45	0.47	0.82	0.79
200AP10	10	0.97	0.95	0.94

续表

试件编号	受火时间 /min	破坏荷载折减系数试验值	破坏荷载折减系数计算值	
			GB 50005—2017	EC5
200AP20	20	0.72	0.91	0.89
200AP30	30	0.51	0.87	0.85
200AP45	45	0.48	0.82	0.79

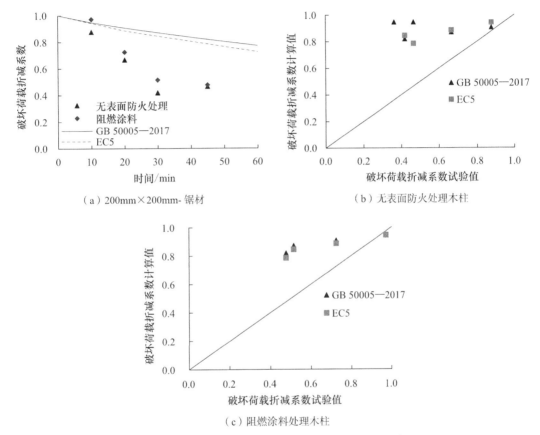

（a）200mm×200mm- 锯材　　（b）无表面防火处理木柱

（c）阻燃涂料处理木柱

图 4-26　单面受火后木柱破坏荷载折减系数试验值与计算值对比

由表 4-16 和图 4-26 可知，对于锯材木柱，按欧洲标准得到的破坏荷载折减系数计算值略低于我国国家标准计算值。随着受火时间增加，单面受火后木柱的破坏荷载逐渐下降，且下降幅度明显小于四面和相邻两面受火后木柱。

单面受火后木柱破坏荷载折减系数试验值基本低于按我国国家标准和欧洲标准中无表面防火处理的计算公式得到的破坏荷载折减系数。这主要是因为试验中未受火面包裹防火棉难以完全紧密发生部分炭化、受火后木柱可能不能及时熄灭冷却，导致木柱的实际炭化深度大于设定受火时间的炭化深度。

4.5 小结

本章介绍了标准火灾升温曲线下四面受火木柱的耐火性能，并讨论了木材树种、截面尺寸、荷载比、表面防火处理措施等参数对四面受火木柱耐火极限的影响规律。进行了四面受火、相邻两面受火和单面受火后木柱力学性能的研究，得到了不同受火时间、不同截面尺寸木柱受火后的破坏荷载变化规律。并将耐火极限和火灾后破坏荷载折减系数试验值与我国国家标准、欧洲标准的计算值进行了对比分析，探讨了技术标准中相关计算公式适当考虑有效表面防火处理措施的可行性。

参 考 文 献

［4-1］李帅希. 基于炭化速度的木构件火灾试验研究［D］. 南京：东南大学，2010.

［4-2］商景祥. 木构件受火后力学性能和耐火极限的试验研究［D］. 南京：东南大学，2011.

［4-3］李向民，李帅希，许清风，等. 四面受火木柱耐火极限的试验研究［J］. 建筑结构，2010，40（3）：115-117.

［4-4］陈玲珠，许清风，韩重庆，等. 四面受火胶合木柱耐火极限试验研究［J］. 建筑结构，2017，47（17）：9-13.

［4-5］陈玲珠，许清风，胡小锋. 四面受火胶合木中长柱耐火极限试验研究［J］. 建筑结构学报，2020，41（1）：95-103.

［4-6］王正昌，许清风，韩重庆，等. 一麻五灰传统保护处理圆木柱的耐火极限试验研究［J］. 建筑结构，2017，47（17）：14-19.

［4-7］许清风，李向民，张晋，等. 木柱四面受火后力学性能的试验研究［J］. 土木工程学报，2012，45（3）：41-45.

［4-8］胡小锋，韩逸尘. 阻燃涂料处理胶合木短柱四面受火后力学性能试验研究［J］. 建筑结构，2018，48（10）：68-72.

［4-9］许清风，韩重庆，陈玲珠，等. 传统地仗保护圆木柱受火后力学性能的试验研究［J］. 土木工程学报，2019，52（7）：90-99.

［4-10］张晋，许清风，商景祥. 木柱单面及相邻两面受火后的剩余承载力试验［J］. 沈阳工业大学学报，2013，35（4）：461-468.

［4-11］中国工程建设标准化协会. 火灾后工程结构鉴定标准：T/CECS 252—2019［S］. 北京：中国建筑工业出版社，2019.

［4-12］中华人民共和国国家质量监督检验检疫总局，中国国家标准化管理委员会. 建筑构件耐火试验方法　第1部分：通用要求：GB/T 9978.1—2008［S］. 北京：中国计划出版社，2008.

［4-13］中华人民共和国住房和城乡建设部. 木结构设计标准：GB 50005—2017［S］. 北京：中国建筑工业出版社，2018.

［4-14］Eurocode 5: Design of timber structures -- Part 1-2: General - Structural fire design: EN 1995-1-2 [S]. Brussels: European Committee for Standardization, 2004.

第5章 标准火灾下木节点抗火性能的试验研究

木结构建筑中，连接节点是关乎其整体性能的关键环节，直接影响到木结构的安全性、可靠性和稳定性。现代木结构通常采用金属连接件，包括螺栓、螺钉、钢板、齿板和五金扣件等。传统木结构主要采用透榫、单向直榫、半榫、燕尾榫等榫卯连接方式。由于金属连接件的升温较木材快、榫卯连接时节点处梁柱截面均有所削弱，因此未进行有效防火构造保护时节点火损较构件严重，常常从火灾现场破坏场景中发现由于节点破坏导致的木结构垮塌。目前国内外学者对木节点火灾性能的研究较少[5-1; 5-2]。本章研究了标准火灾下螺栓—钢夹板连接、螺栓—钢填板节点和榫卯节点的耐火性能[5-3~5-7]。

5.1 标准火灾升温曲线下螺栓—钢夹板连接耐火极限试验研究

5.1.1 试验概况

1 试件设计

共进行了 8 个螺栓—钢夹板连接的耐火极限试验。通过加载获得相同规格未受火螺栓—钢夹板连接的破坏荷载，然后进行不同荷载比螺栓—钢夹板连接的耐火极限试验。试验参数包括螺栓端距、荷载比和表面防火处理措施。试验参数见表 5-1，试件尺寸见图 5-1。

螺栓—钢夹板连接试件统计表

表 5-1

编号	受火方式	表面防火处理措施	螺栓端距	荷载比
A0	未受火对比	无		—
A10				10%
A20		无		20%
A30	四面受火		10d	30%
A30T		防火涂料（钢夹板）		30%
A30F		防火涂料（钢夹板）＋膨胀型阻燃涂料（木构件）		30%
B0	未受火对比	无	7d	—
B30	四面受火			30%

注：d 为螺栓直径。

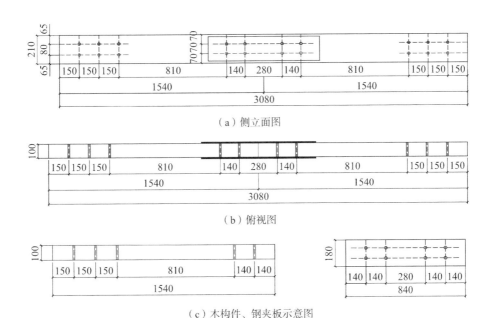

（a）侧立面图

（b）俯视图

（c）木构件、钢夹板示意图

图 5-1　螺栓—钢夹板连接耐火极限试验试件尺寸详图

2　试验材料

试验用木材树种为花旗松胶合木，实测木材材料性能如表 5-2 所示。

实测木材材料性能　　　　　　　　　　　　　　　　表 5-2

树种	密度 / （kg/m³）	含水率 / %	顺纹抗压强度 / MPa	顺纹抗拉强度 / MPa	弹性模量 / MPa
花旗松胶合木	480	10.4	29.4	78.0	10178

钢夹板采用 Q345 钢材，板厚 10mm。螺栓为 8.8 级高强螺栓，螺栓直径为 14mm。木构件表面采用的膨胀型阻燃涂料为球盾牌 B60-2 饰面型涂料，钢夹板表面采用 B60-2 室内超薄型钢结构防火涂料。每隔 4h 涂刷一遍，共涂 3 遍，用量约为 450～500g/m²，试验中滚涂厚度约为 1mm。

3　试验装置与方法

试验在耐火试验炉中进行，炉温按 ISO 834 标准火灾升温曲线进行升温。将螺栓—钢夹板连接一端与耐火试验炉底部的锚栓固定，上部通过伸出炉外的刚性螺栓杆传递荷载，采用液压千斤顶进行加载。未受火对比试件和耐火极限试件采用相同的加载装置，见图 5-2。

4　测点布置

为了测量试件在加载过程中的变形情况，将位移计布置在螺栓的顶端。为了解试件在火灾试验时的温度分布情况，在截面不同位置布置了热电偶，见图 5-3。其中 A1、D1、E1、H1 布置在木构件的中部，B1、C1、F1、G1 布置在上排螺栓与钢夹板连接处，B2、C2、F2、G2 布置在木材与钢夹板连接处，B3、C3、F3、G3 布置在螺栓中部与木材连接位置。

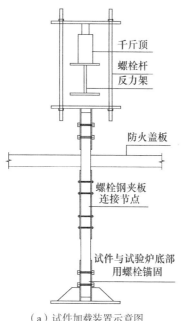

千斤顶
螺栓杆
反力架

防火盖板

螺栓钢夹板
连接节点

试件与试验炉底部
用螺栓锚固

（a）试件加载装置示意图

（b）试件炉底锚固图

图 5-2　螺栓—钢夹板连接耐火极限试验加载装置

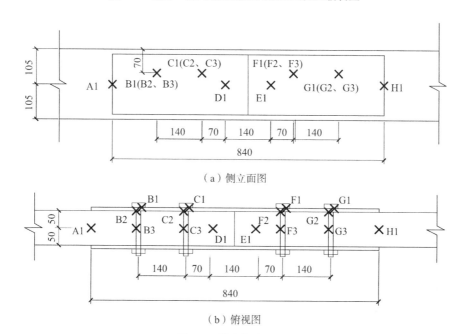

（a）侧立面图

（b）俯视图

图 5-3　热电偶布置图

5.1.2　试验现象

1　未受火对比试件

A 组未受火对比试件 A0 随着荷载的逐级施加，连接处逐渐出现间隙；当荷载增加至90kN 时，木材开始出现轻微声响；随着荷载增加，连接处间隙持续变大；加载至 140kN

时，螺栓与木材接触处出现滑动异响，并伴有木材撕裂声；继续施加荷载，螺栓被拉弯；当荷载增加至 280kN 时，伴随巨大声响试件发生横纹劈裂破坏。

B 组未受火对比试件 B0 随着荷载的逐级施加，连接处逐渐出现间隙；当荷载增加至 90kN 时，木材开始出现轻微声响；随着荷载继续增加，连接处间隙持续变大；加载至 130kN 时，螺栓与木材接触处有滑动异响，并伴有木材撕裂声；继续施加荷载，螺栓被拉弯；当荷载增加至 280kN 时，伴随巨大声响木材螺栓承压处呈现楔形破坏。

对比试件的破坏形态见图 5-4。

（a）A0　　　　　　　　　　　　（b）B0

图 5-4　未受火对比试件破坏形态

2　耐火极限试件

耐火极限试件受火过程中，为保持荷载恒定，千斤顶逐渐升缸，顶部位移随受火时间的增加逐渐增大，且位移增加速度越来越快，在达到耐火极限时，试验油压骤降，顶部位移突然增加，试件发生破坏。开炉后试件仍在燃烧，试件已基本烧毁，试件破坏形态见图 5-5。下部木构件上排螺栓从端部被拉出，螺栓发生明显弯曲变形，且弯曲变形量随荷载比的增大而增大，随离木构件连接处端部距离的增大而减小，见图 5-6。

（a）A10　　　　　　　　　（b）A20　　　　　　　　　（c）A30

图 5-5　耐火极限试件破坏形态（一）

（d）A30T   （e）A30F   （f）B30

图 5-5　耐火极限试件破坏形态（二）

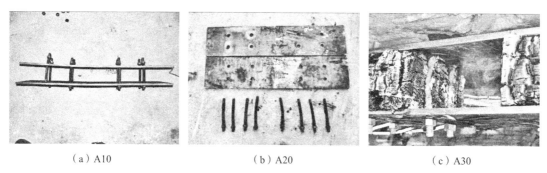

（a）A10   （b）A20   （c）A30

图 5-6　典型耐火极限试件中螺栓的弯曲变形

5.1.3　试验结果与分析

1　未受火对比试件

未受火对比试件荷载—位移曲线见图 5-7。

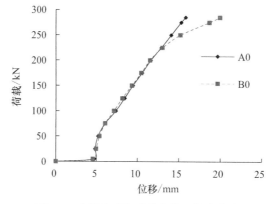

图 5-7　未受火对比试件荷载—位移曲线

由图 5-7 可知：① 加载初始阶段试件发生明显滑移，这主要是因为在连接区域螺栓与螺栓孔之间存在空隙、受荷时逐渐被拉紧所致。② 加载过程中位移基本呈线性变化，屈服点不明显，破坏具有明显的突然性，发生脆性破坏。③ 两组未受火对比试件的破坏荷载相近，说明螺栓端距在符合国家标准《木结构设计标准》GB 50005—2017 规定的情况下，增加螺栓端距并不能明显提高其破坏荷载。

2 试件内部温度

不同试件内部不同位置温度随时间变化规律接近，以 A10 试件为例，试件内部不同位置温度变化见图 5-8。

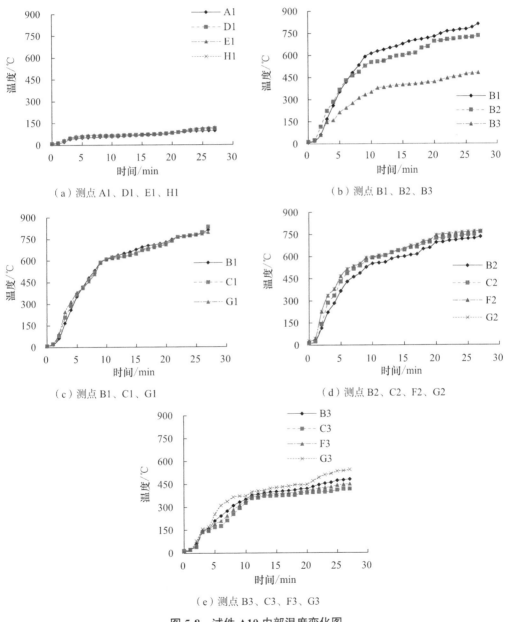

图 5-8 试件 A10 内部温度变化图

由图 5-8 可知：① 构件中部温度测点 A1、D1、E1、H1 温度接近，位于钢夹板中部测点 D1、E1 的温度略高于钢夹板两端测点 A1、H1。② 螺栓温度随埋深的增加逐渐降低。③ 外部螺栓与钢夹板接触处温度测点 B1、C1、G1 温度接近，测点与炉内空气直接接触，温度与炉温接近。④ 钢夹板内侧与木材接触处测点 B2、C2、F2、G2 温度接近，温度明显低于外部螺栓与钢夹板接触处温度。⑤ 温度测点 B3、C3、F3、G3 位于螺栓中央位置，埋入构件深度相同，温度相差不大。

3 耐火极限试验结果

耐火极限试件轴向位移随时间的变化曲线见图 5-9。

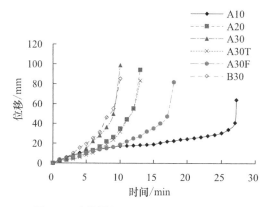

图 5-9 试件轴向位移随时间的变化曲线

由图 5-9 可知：① 所有试件轴向位移随时间逐渐增加，接近破坏时，轴向位移变化率显著增加。② 荷载比对试件轴向位移随时间变化影响较大，随着荷载比增加，相同受火时间时试件轴向位移显著增加。③ 螺栓端距从 7d 增加到 10d 对试件位移随时间的变化影响不大。④ 相同受火时间时，钢夹板表面采取防火涂料处理能减少试件轴向位移，钢夹板表面采取防火涂料处理同时木构件表面采用膨胀型阻燃涂料处理时试件轴向位移减少效果更明显。

根据《建筑构件耐火试验方法 第1部分：通用要求》GB/T 9978.1—2008[5-9] 的规定，螺栓—钢夹板连接耐火极限需要从失去承载能力进行判定。螺栓—钢夹板连接的耐火极限试验结果见表 5-3。

螺栓—钢夹板连接耐火极限试验结果　　　　　　　　　　　　　　表 5-3

试件编号	荷载比	耐火极限 /min
A10	10%	27.2
A20	20%	13.0
A30	30%	11.0
A30T	30%	14.0
A30F	30%	18.7
B30	30%	10.2

由表 5-3 可知：① 当螺栓端距相同时，随着荷载比增加，螺栓—钢夹板连接的耐火极限呈下降趋势。② 当螺栓端距和荷载比相同时，钢夹板表面采用防火涂料处理及木构件表面采用膨胀型阻燃涂料处理可在一定程度上提高耐火极限。③ 当荷载比相同时，随螺栓端距增加螺栓—钢夹板连接的耐火极限增大不明显。

5.2　标准火灾升温曲线下螺栓—钢填板节点耐火极限试验研究

5.2.1　试验概况

1　试件设计

共进行了 10 个螺栓—钢填板节点耐火极限试验，试验参数如表 5-4 所示。通过加载获得未受火螺栓—钢填板节点的破坏荷载，然后进行不同荷载比螺栓—钢填板节点的耐火极限试验。试验参数包括：钢填板形式、表面防火处理措施和荷载比。试件尺寸见图 5-10。

<table>
<tr><td colspan="5" align="center">螺栓—钢填板节点试验参数　　　　　　　　　　　　　表 5-4</td></tr>
<tr><td>试件编号</td><td>钢填板形式</td><td>受火方式</td><td>表面防火处理措施</td><td>荷载比</td></tr>
<tr><td>J0</td><td rowspan="5">T 型钢填板</td><td>未受火对比</td><td>无</td><td>—</td></tr>
<tr><td>J10</td><td rowspan="4">四面受火</td><td rowspan="3">无</td><td>10%</td></tr>
<tr><td>J20</td><td>20%</td></tr>
<tr><td>J30</td><td>30%</td></tr>
<tr><td>J30F</td><td>膨胀型阻燃涂料</td><td>30%</td></tr>
<tr><td>GJ-1</td><td rowspan="3">直线型钢填板</td><td>未受火对比</td><td rowspan="3">无</td><td>—</td></tr>
<tr><td>GJ-3</td><td rowspan="2">四面受火</td><td>30%</td></tr>
<tr><td>GJ-4</td><td>50%</td></tr>
<tr><td>GJ-2</td><td rowspan="2">U 型钢填板</td><td>未受火对比</td><td rowspan="2">无</td><td>—</td></tr>
<tr><td>GJ-5</td><td>四面受火</td><td>50%</td></tr>
</table>

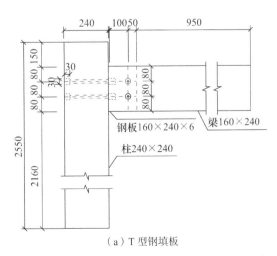

（a）T 型钢填板

图 5-10　胶合木螺栓—钢填板节点尺寸详图（一）

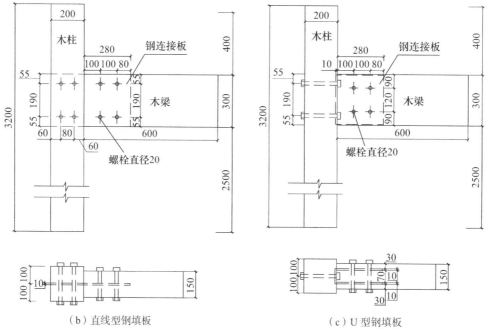

（b）直线型钢填板　　　　　　　　（c）U 型钢填板

图 5-10　胶合木螺栓—钢填板节点尺寸详图（二）

2　试验材料

螺栓—T 型钢填板节点所用木材为花旗松胶合木，螺栓—直线型钢填板节点和螺栓—U 型钢填板节点所用木材为樟子松胶合木。实测木材材料性能如表 5-5 所示。

实测木材材料性能　　　　　　　　　　　　　　　　　表 5-5

树种	密度 /（kg/m³）	含水率 /%	顺纹抗压强度 /MPa	顺纹抗拉强度 /MPa	弹性模量 /MPa
花旗松胶合木	480	10.4	29.4	78.0	10178
樟子松胶合木	445	14.9	39.3	46.6	6100

螺栓—T 型钢填板节点中钢填板采用 Q345 钢材，板厚 6mm。螺栓为 8.8 级承压型高强螺栓，螺栓直径为 10mm。木构件表面采用球盾牌 B60-2 饰面型涂料进行四面涂抹，每隔 4h 涂刷一遍，共涂 3 遍，用量约为 450~500g/m²，试验中滚涂厚度约为 1mm。螺栓表面未涂防火涂料。

螺栓—直线型钢填板节点和螺栓—U 型钢填板节点中钢填板采用 Q345 钢材，板厚10mm。螺栓为 8.8 级承压型高强螺栓，螺栓直径为 20mm。

3　试验装置与方法

试验在耐火试验炉中进行，炉温按标准火灾升温曲线进行升温。未受火对比试件静载试验与耐火极限试验加载装置相同，见图 5-11。

三类未受火对比试件的加载装置略有不同。三类节点木柱底部均通过钢板与耐火试验炉自带的 4 个锚栓连接，模拟固支边界条件。木柱顶部采用液压千斤顶施加固定荷载，其中螺栓—T 型钢填板节点柱顶荷载取 30kN，螺栓—直线型钢填板和螺栓—U 型钢填板节点柱顶荷载取 50kN。螺栓—T 型钢填板节点中梁的另一端搁置在混凝土柱墩顶端，在梁的跨中采用液压千斤顶逐级施加荷载，直至试件破坏。螺栓—直线型钢填板和螺栓—U 型钢填板节点在柱端采用拉杆与反力架进行拉结，并在梁端采用液压千斤顶逐级施加荷载，直至试件破坏。

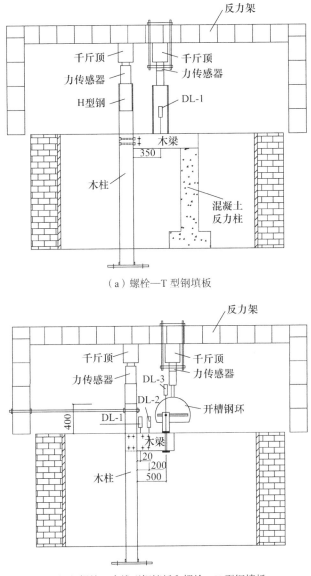

（a）螺栓—T 型钢填板

（b）螺栓—直线型钢填板和螺栓—U 型钢填板

图 5-11　螺栓—钢填板节点加载装置图

耐火极限试验试件受火前，先在柱顶部施加固定荷载，然后在梁跨中或梁端施加恒定荷载，荷载值由同规格未受火对比试件的破坏荷载和荷载比来确定。螺栓—T 型钢填板节点中木柱底部 1.91m 和木梁右端 0.85m 范围内采用防火棉包裹，螺栓—直线型钢填板和螺栓—U 型钢填板节点中木柱底部 2m 采用防火棉包裹。升温过程中随时调节千斤顶油泵保证梁和柱竖向荷载恒定，直到试件破坏或无法持荷，试件达到耐火极限，停止试验。

4 测点布置

在木梁的不同位置布置位移计来量测木梁的竖向位移，其中螺栓—T 型钢填板节点在梁跨中位置布置位移计，详见图 5-11（a）；螺栓—直线型钢填板和螺栓—U 型钢填板节点位移计布置位置见图 5-11（b）。

为了解耐火极限试验中试件内部的温度分布情况，在试件的不同位置布置了热电偶，螺栓—T 型钢填板节点热电偶具体位置见图 5-12，螺栓—直线型钢填板和螺栓—U 型钢填板节点热电偶具体位置见图 5-13。

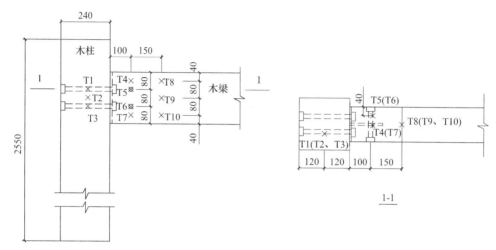

图 5-12　螺栓—T 型钢填板节点热电偶布置图

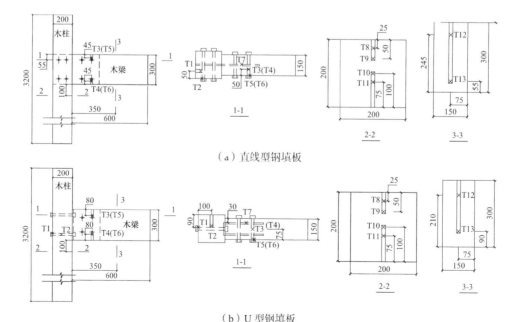

（a）直线型钢填板

（b）U 型钢填板

图 5-13　螺栓—直线型钢填板和螺栓—U 型钢填板节点热电偶布置图

5.2.2　试验现象

1　未受火对比试件

随着荷载增加，未受火螺栓—T 型钢填板节点对比试件 J0 中木梁梁端底部与 T 型钢填板翼缘之间开始出现间隙；当荷载增加至 80kN 时，开始出现声响，节点处开始脱开并随荷载增加进一步变大；当荷载增加至 90kN 时，出现螺栓与木材连接处脱滑声音；当荷载增加至 110kN 时，螺栓杆出现较为明显的弯曲；当荷载增加至 120kN 时有砰砰声响，连续出现沿木材顺纹方向的裂纹；当荷载施加到 130kN 时，伴随一声巨响跨中位移骤然变大，荷载不能继续保持，节点在螺栓孔处沿木材顺纹方向发生横纹劈裂破坏。卸载后大部分变形恢复，除梁顶螺栓处有较大纵向裂缝外其余裂缝基本闭合。卸载前后对比照片见图 5-14。

（a）卸载前　　　　　　　　　　　　　　　　（b）卸载后

图 5-14　未受火螺栓—T 型钢填板节点对比试件破坏形态

未受火螺栓—直线型钢填板节点对比试件 GJ-1 加载至 20kN 时，木材发出轻微的开裂声；加载至 29kN 时，开裂声音较大；加载至 30.9kN 时，试件无法持荷，试件破坏。破坏形态见图 5-15（a）。

未受火螺栓—U 型钢填板节点对比试件 GJ-2 加载至 20kN 时，木材发出轻微的开裂声；随着荷载增大，木梁开裂声逐渐变大；当加载至 22.4kN 时，试件无法持荷，试件破坏。破坏形态见图 5-15（b）。

2　受火试件

点火后，螺栓—T 型钢填板节点试件随着温度升高开始燃烧，大量烟雾从炉中冒出，木梁竖向位移逐渐增加。接近耐火极限时，木梁跨中千斤顶油压骤降，施加的预加荷载无法继续保持，木梁跨中位移急剧增大，停火并拔风冷却。待炉内温度降至 200℃ 以下后，开炉取出试件并浇水冷却。典型试件的破坏形态见图 5-16。

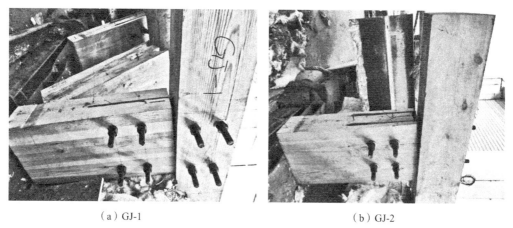

（a）GJ-1 　　　　　　　　　　　　　（b）GJ-2

图 5-15　未受火螺栓—直线型钢填板和螺栓—U 型钢填板节点对比试件破坏形态

（a）J10 　　　　　　　　　　　　　（b）J30F

图 5-16　典型螺栓—T 型钢填板节点受火试件破坏形态

　　点火后，螺栓—直线型钢填板和螺栓—U 型钢填板节点试件随着温度升高开始燃烧，大量烟雾从炉中冒出，并随着受火时间的增加越来越浓，木梁端部竖向位移逐渐增加。接近耐火极限时，木梁端部千斤顶油压骤降，施加的预加荷载无法继续保持，加载点位移急剧增大，停火并拔风冷却。待炉内温度降至 200℃以下后，开炉取出试件并浇水冷却。螺栓—直线型钢填板试件的破坏形态见图 5-17。

（a）GJ-3 　　　　　　　　　　　　　（b）GJ-4

图 5-17　螺栓—直线型钢填板节点受火试件破坏形态

三类螺栓—钢填板节点试件破坏呈现如下特点：① 受火后钢填板仍与木柱保持较好连接，随着荷载比增大，连接处的钢填板松动和木材烧坏现象更为明显。② 卸载后木梁弯曲变形未完全恢复，木梁在与木柱连接处出现部分脱开。③ 木梁上的螺栓有弯曲变形，钢填板基本保持完好。④ 无表面防火处理的试件表面炭化呈规整的龟裂状，而试件 J30F 膨胀型阻燃涂料膨胀、龟裂较轻。

5.2.3　试验结果与分析

1　未受火对比试件

未受火螺栓—T 型钢填板节点对比试件荷载—位移曲线如图 5-18 所示。由图 5-18 可知，未受火螺栓—T 型钢填板节点对比试件的荷载—位移曲线前半段近似线性，后半段进入弹塑性阶段，试件的延性较好。

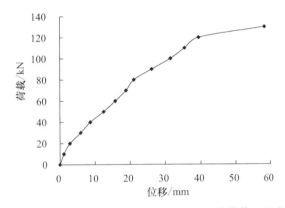

图 5-18　未受火螺栓—T 型钢填板节点对比试件荷载—位移曲线

未受火螺栓—直线型钢填板和螺栓—U 型钢填板节点对比试件荷载—位移曲线见图 5-19。由图 5-19 可知，螺栓—直线型钢填板节点试件 GJ-1 加载初期位移基本呈线性变化，破坏较突然。螺栓—U 型钢填板节点试件 GJ-2 加载初期位移与荷载基本呈线性，接近破坏时发生较大位移，延性较好。

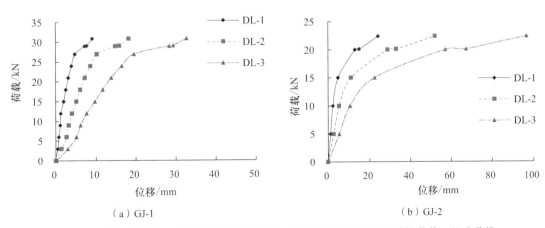

（a）GJ-1　　　　　　　　　　　　　　（b）GJ-2

图 5-19　未受火螺栓—直线型钢填板和螺栓—U 型钢填板节点对比试件荷载—位移曲线

2 耐火极限试验结果

螺栓—T型钢填板节点试件梁跨中竖向位移随受火时间变化曲线见图5-20。

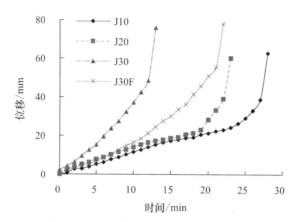

图5-20 螺栓—T型钢填板节点梁跨中竖向位移变化曲线

由图5-20可知：① 相同受火时间下，随着荷载比增加，螺栓—T型钢填板节点木梁跨中竖向位移增加且增速较快。② 相同荷载比下，随着受火时间增加，跨中竖向位移增速逐渐增加，达到耐火极限后木梁跨中竖向位移急剧增大。

螺栓—直线型钢填板和螺栓—U型钢填板节点试件梁端竖向位移随受火时间变化曲线见图5-21。由图5-21可知，梁端竖向位移随受火时间增加逐渐增加，荷载比对梁端竖向位移变化影响较大。

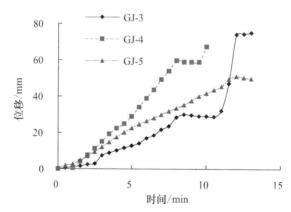

图5-21 螺栓—直线型钢填板和螺栓—U型钢填板节点梁端竖向位移变化曲线

根据《建筑构件耐火试验方法 第1部分：通用要求》GB/T 9978.1—2008[5-9]的规定，木节点耐火极限需要从失去承载能力进行判定。当梁跨中或梁端位移变化较快导致预加荷载无法持荷时，认定节点达到耐火极限。各试件的耐火极限试验结果汇总见表5-6。

由表5-6可知：① 随着荷载比增加，螺栓—T型钢填板节点和螺栓—直线型钢填板试件的耐火极限变小。② 表面采用膨胀型阻燃涂料处理可在一定程度上提高螺栓—T型钢填板节点的耐火极限。③ 相同荷载比时，钢填板形式对节点耐火极限影响不明显。

螺栓—钢填板节点耐火极限试验结果　　　　　　　　　　　　表 5-6

试件编号	木梁竖向荷载 /kN	荷载比	耐火极限 /min
J10	13	10%	28.0
J20	26	20%	23.2
J30	39	30%	13.4
J30F	39	30%	22.8
GJ-3	9	30%	13.0
GJ-4	15	50%	10.0
GJ-5	11	50%	13.0

3　温度场分布

试件内部不同位置温度随时间变化规律接近。典型螺栓—T 型钢填板节点试件 J10 内部不同位置温度随时间变化见图 5-22。

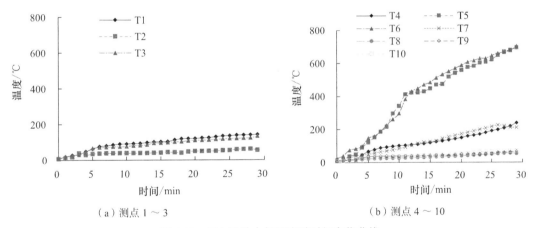

（a）测点 1～3　　　　　　　　　　（b）测点 4～10

图 5-22　J10 试件内部温度随时间变化曲线

由图 5-22 可知：① 测点 1、3 的温度基本一致并高于测点 2，这主要是因为钢材传热比木材快。② 木梁同一横截面处，相同材质内相同埋置深度测点的温度基本一致；埋置深度大的测点 4、7 的温度明显低于埋置深度小的测点 5、6。③ 木梁截面中部不同高度的测点温度随距梁表面距离增加略有降低。由于钢材传热比木材快，测点 4、7 的温度明显高于测点 8、10。

典型螺栓—直线型钢填板节点试件内部不同位置处温度随时间变化见图 5-23。

由图 5-23 可知，① 试件多数测点温度随着受火时间的增加而逐渐升高。② 螺栓端部的测点 2、5、6 温度与炉温较为接近。③ 距木截面表面距离相同处，由于钢材传热比木材快，因而螺栓位置处的温度略高于节点区域外梁柱截面处温度。④ 木梁同一横截面处，相同材质内相同埋置深度测点的温度基本一致，且埋置深度大的测点 3、4 的温度明显低于埋置深度小的测点 5、6。

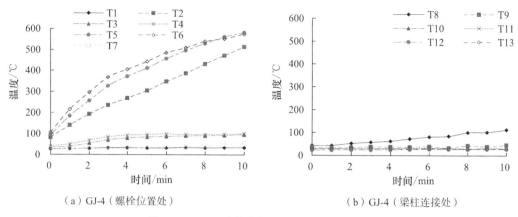

（a）GJ-4（螺栓位置处）　　　　（b）GJ-4（梁柱连接处）

图 5-23　GJ-4 试件内部温度随时间变化曲线

5.3　标准火灾升温曲线下榫卯节点耐火极限试验研究

5.3.1　试验概况

1　试件设计

共进行了 10 个榫卯节点试件耐火极限试验，试件参数如表 5-7 所示。通过加载获得未受火榫卯节点试件的破坏荷载，然后进行不同荷载比试件的耐火极限试验。试验参数包括：节点形式、表面防火处理措施和荷载比。试件尺寸如图 5-24 所示。

榫卯节点试件试验参数

表 5-7

试件编号	节点形式	受火方式	表面防火处理措施	荷载比
k0	燕尾榫	未受火对比	无	—
k25		四面受火		25%
k37.5				37.5%
k50				50%
kp50			膨胀型阻燃涂料	50%
TJ-1	透榫	未受火对比	无	—
TJ-3		四面受火		30%
TJ-4				50%
TJ-2	单向直榫	未受火对比	无	—
TJ-5		四面受火		50%

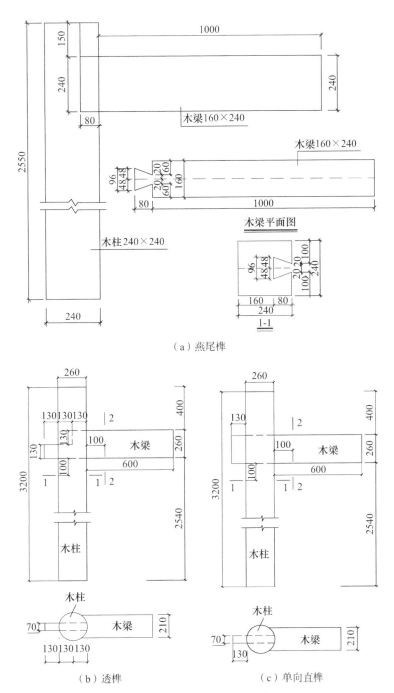

（a）燕尾榫

（b）透榫　　　　　　　　　　　（c）单向直榫

图 5-24　榫卯节点试件尺寸详图

2　试验材料

试验用木材树种为花旗松胶合木和南方松锯材，其中燕尾榫节点试件采用花旗松胶合木，透榫和单向直榫节点试件采用南方松锯材。实测木材材料性能如表 5-8 所示。

kp50 木构件表面采用球盾牌 B60-2 饰面型涂料进行四面涂抹，每隔 4h 涂刷一遍，共涂 3 遍，用量约为 450～500g/m²，涂料厚度约为 1mm。

123

实测木材材料性能

表 5-8

树种	密度 /（kg/m³）	含水率 /%	顺纹抗压强度 /MPa	顺纹抗拉强度 /MPa	弹性模量 /MPa
花旗松胶合木	480	10.4	29.4	78.0	10178
南方松锯材－梁	596	18.7	26.9	73.3	7640
南方松锯材－柱	641	25.0	20.4	60.0	8670

3 试验装置与方法

试验在耐火试验炉中进行，炉温按标准火灾升温曲线进行升温。未受火对比试件静载试验与耐火极限试验加载装置相同，见图 5-25。三类节点的加载装置略有不同。三类榫卯节点木柱底部均通过钢板与耐火试验炉自带的 4 个锚栓连接，木柱顶部采用液压千斤顶施加固定荷载用以模拟柱中轴力，其中燕尾榫节点柱顶的荷载取 100kN，透榫和单向直榫节点柱顶的荷载取 50kN。燕尾榫节点木梁的另一端搁置在混凝土柱墩顶端，在木梁的跨中采用液压千斤顶逐级施加荷载，直至破坏。透榫和单向直榫节点在木梁端部采用液压千斤顶逐级施加荷载，直至破坏。

耐火极限试件受火前，在柱顶部施加固定荷载，而木梁跨中或端部预加的恒定荷载则由未受火对比试件的破坏荷载和荷载比来确定，其中荷载比见表 5-7。燕尾榫节点木柱底部 1.91m 和木梁右端 0.85m 范围内采用防火棉包裹，透榫和单向直榫节点木柱底部 2m 采用防火棉包裹。升温过程中随时调节千斤顶油泵保证梁和柱竖向荷载恒定，直到试件破坏或无法持荷，试件达到耐火极限，停止试验。

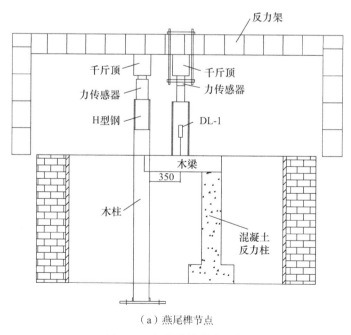

（a）燕尾榫节点

图 5-25 加载装置图（一）

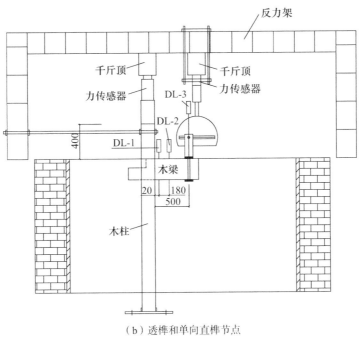

（b）透榫和单向直榫节点

图 5-25　加载装置图（二）

4　测点布置

在木梁的不同位置布置位移计来量测木梁的竖向位移，其中燕尾榫节点在梁跨中位置布置位移计，透榫和单向直榫节点位移计布置位置见图 5-25（b）。

为了解耐火极限试验中试件内部的温度分布情况，在不同位置布置热电偶，燕尾榫节点热电偶布置见图 5-26，透榫和单向直榫节点热电偶布置见图 5-27。

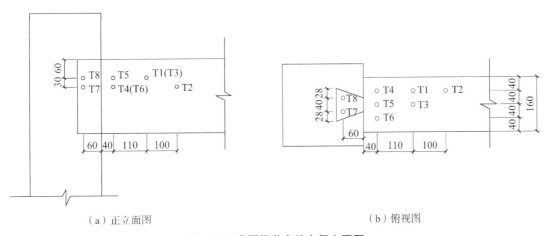

（a）正立面图　　　　　　　　　　　　　　（b）俯视图

图 5-26　燕尾榫节点热电偶布置图

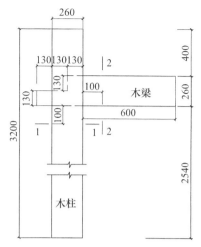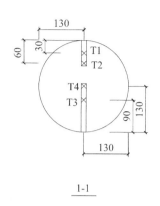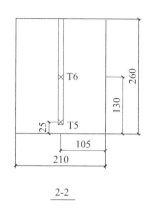

图 5-27　透榫和单向直榫节点热电偶布置图

5.3.2　试验现象

1　未受火对比试件

随着木梁跨中荷载增加，燕尾榫节点未受火对比试件 k0 木梁梁端底部与柱边之间开始出现间隙；当荷载增加至 40kN 时，出现轻微声响；当荷载增加至 80kN 时，出现持续不断的连续声响；荷载增加至 180kN 时，伴随一声巨响荷载无法继续保持，试件破坏。木梁榫头部位在榫窄底部位置处约一半的高度处被剪断，然后在中间位置处沿着木梁顺纹方向发生横纹劈裂破坏，见图 5-28（a）。

透榫节点对比试件 TJ-1 梁端荷载增加至 3kN 时，出现轻微声响；荷载增加至 9kN 时，声音较大，拔榫量较大；荷载增加至 9.5kN 时，出现有规律的声响，约每隔 1s 响一次；荷载增加至 9.7kN 时，荷载达到峰值，之后荷载开始下降，节点越来越松动，榫头拔出量越来越大，卯口和榫头发生明显挤压变形，试件破坏，见图 5-28（b）。

单向直榫对比试件 TJ-2 梁端荷载增加至 17kN 时，出现轻微声响；荷载增加至 21kN 时，试件发生明显转动，无法继续持荷，试件破坏，见图 5-28（c）。

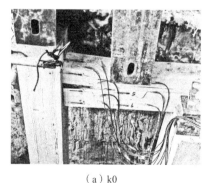

（a）k0　　　　　　　　　（b）TJ-1　　　　　　　　　（c）TJ-2

图 5-28　未受火对比试件破坏形态

2　受火试件

点火后，燕尾榫节点试件随着温度升高，木材被引燃，大量烟雾从炉中冒出。随着受火时间增加，木材开始燃烧，木梁跨中位移逐渐增加。接近耐火极限时，木梁跨中位移急剧增大，施加的预加荷载无法继续保持，停火并拔风冷却。待炉内温度降至200℃以下后，开炉取出试件并浇水冷却。典型燕尾榫节点受火试件的破坏形态见图5-29。

图 5-29　典型燕尾榫节点受火试件 k37.5 的破坏形态

点火后，透榫和单向直榫节点试件随着温度升高，木材被引燃，大量烟雾从炉中冒出。随着受火时间增加，烟雾越来越浓，且木梁竖向位移逐渐增加。接近耐火极限时，木梁端部位移急剧增大，施加的预加荷载无法继续保持，停火并拔风冷却。待炉内温度降至200℃以下后，开炉取出试件并浇水冷却。典型透榫和单向直榫节点受火试件的破坏形态见图5-30。

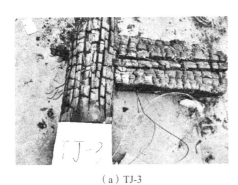
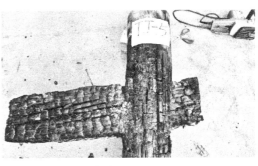

（a）TJ-3　　　　　　　　　　（b）TJ-5

图 5-30　典型透榫和单向直榫节点受火试件的破坏形态

5.3.3　试验结果与分析

1　未受火对比试件

未受火燕尾榫节点对比试件荷载—跨中位移曲线见图5-31。由图5-31可知，燕尾榫节点木梁跨中竖向位移随着荷载的增大而逐渐增大，没有明显的屈服点，其延性较差。

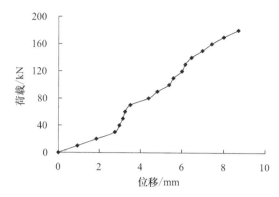

图 5-31 未受火燕尾榫节点对比试件 k0 荷载—位移曲线

未受火透榫和单向直榫节点对比试件荷载—位移曲线见图 5-32。由图 5-32 可知，加载初期，透榫和单向直榫节点梁端竖向位移随荷载基本呈线性变化。透榫节点破坏时位移较大、延性相对较好；而单向直榫节点破坏时较为突然。

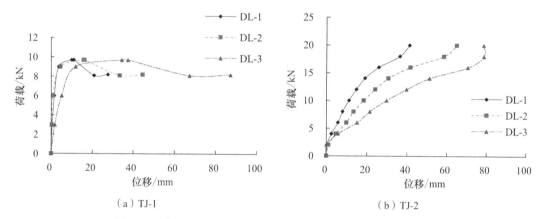

（a）TJ-1 （b）TJ-2

图 5-32 未受火透榫和单向直榫节点对比试件荷载—位移曲线

2 耐火极限试验结果

受火燕尾榫节点试件木梁跨中竖向位移随受火时间的变化曲线见图 5-33。

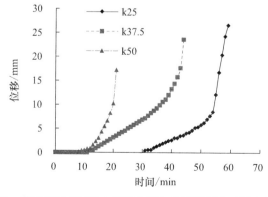

图 5-33 燕尾榫节点试件木梁跨中竖向位移随受火时间变化曲线

由图 5-33 可知：① 受火时间相同时，燕尾榫节点木梁跨中竖向位移随着荷载比的增大而增大，且增速有增大的趋势。② 随着受火时间增加，梁跨中竖向位移增加越来越快，临近耐火极限时木梁跨中竖向位移急剧增大。

受火透榫和单向直榫节点试件梁端竖向位移随受火时间的变化曲线见图 5-34。由图 5-34 可知，梁端竖向位移随受火时间增加逐渐增加，荷载比对梁端竖向位移影响较大。

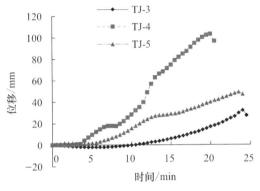

图 5-34　透榫和单向直榫节点试件梁端竖向位移随受火时间变化曲线

根据《建筑构件耐火试验方法　第 1 部分：通用要求》GB/T 9978.1—2008[5-9]的规定，节点耐火极限需要从失去承载能力进行判定。当梁跨中或梁端位移变化较快导致预加荷载无法持荷时，判定试件达到耐火极限。各试件的耐火极限试验结果汇总见表 5-9。

榫卯节点耐火极限试验结果　　　　　　　　　　　　　　表 5-9

试件编号	木梁跨中或端部荷载 /kN	荷载比	耐火极限 /min
k25	45.0	25%	59
k37.5	67.5	37.5%	44
k50	90.0	50%	21
kp50	90.0	50%	58
TJ-3	2.9	30%	25
TJ-4	4.8	50%	20
TJ-5	10.5	50%	24

由表 5-9 可知：① 荷载比、有无表面防火处理措施是影响燕尾榫节点试件耐火极限的重要因素。当荷载比分别为 25%、37.5% 和 50% 时，燕尾榫节点的耐火极限分别为 59min、44min 和 21min；当荷载比均为 50% 时，表面有无采用膨胀型阻燃涂料涂抹试件的耐火极限分别为 58min 和 21min。② 荷载比对透榫节点试件的耐火极限有明显影响，当荷载比分别为 30% 和 50% 时，透榫节点的耐火极限分别为 25min 和 20min。③ 相同荷载比时，节点形式对榫卯节点试件的耐火极限影响不明显，单向直榫节点耐火极限略高；

荷载比均为 50% 时，燕尾榫节点、透榫节点和单向直榫节点的耐火极限分别为 21min、20min 和 24min。

3 温度场分布

受火燕尾榫节点试件内部不同位置温度随时间变化规律接近。典型受火燕尾榫节点试件 k37.5 内部不同位置温度变化见图 5-35。

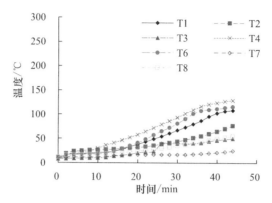

图 5-35 典型燕尾榫节点试件 k37.5 内部温度变化图

由图 5-35 可知：① 距受火侧面距离相同时，测点埋置深度越浅温度越高。② 埋深相同时，测点距受火侧面距离越近温度越高。③ 榫头与卯口之间 2~4mm 的微小间隙对木材的传热影响不明显。

受火燕尾榫节点试件相同位置测点温度随时间变化对比见图 5-36。

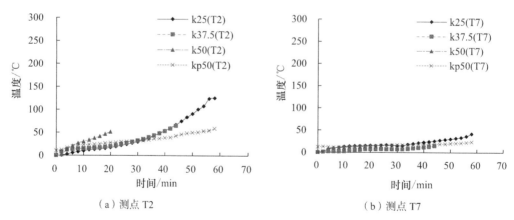

（a）测点 T2　　　　　　　　　　　　　（b）测点 T7

图 5-36 不同燕尾榫节点试件相同位置的测点温度对比图

由图 5-36 可知：① 表面采用膨胀型阻燃涂料涂抹后，试件 kp50 测点温度有所降低。② 荷载比对试件内部温度变化没有明显影响。

典型受火透榫和单向直榫节点试件内部不同位置温度变化见图 5-37。

从图 5-37 可知：① 多数测点温度随着受火时间的增加而逐渐升高。② 离试件表面距离越近的测点温度越高，测点 1 温度明显高于其余测点温度。

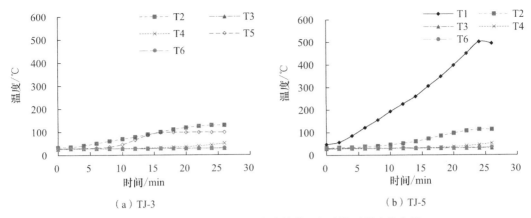

（a）TJ-3   （b）TJ-5

图 5-37   透榫和单向直榫节点试件截面温度随时间变化曲线

5.4   小结

本章研究了螺栓—钢夹板连接、螺栓—钢填板节点和榫卯节点的耐火性能，揭示了节点形式、荷载比和表面防火处理措施对节点耐火极限的影响规律，并分析了节点内部的温度场变化。

参 考 文 献

［5-1］刘增辉. 木结构钢－木螺栓节点抗火性能试验研究［D］. 南京：东南大学，2013.

［5-2］王斌. 木结构榫卯节点抗火性能试验研究［D］. 南京：东南大学，2013.

［5-3］张晋，许清风，栢益伟，等. 胶合木钢夹板螺栓连接节点的抗火性能［J］. 华南理工大学学报（自然科学版），2015，43（2）：58-65.

［5-4］张晋，蔡建国，刘增辉，等. 木材－T 型钢填板螺栓连接节点耐火极限试验［J］. 沈阳工业大学学报，2015，37（5）：594-600.

［5-5］陈玲珠，许清风，韩重庆，等. 螺栓连接胶合木梁柱节点耐火极限的试验研究［J］. 建筑技术，2019，50（4）：402-405.

［5-6］陈玲珠，王欣，韩重庆，等. 透榫和单向直榫木节点耐火极限的试验研究［J］. 建筑结构，2021，51（9）：98-102＋119.

［5-7］张晋，王斌，宗钟凌，等. 木结构榫卯节点耐火极限试验研究［J］. 湖南大学学报（自然科学版），2016，43（1）：117-123.

［5-8］李国强，韩林海，楼国彪，等. 钢结构及钢—混凝土组合结构抗火设计［M］. 北京：中国建筑工业出版社，2006.

［5-9］中华人民共和国国家质量监督检验检疫总局，中国国家标准化管理委员会. 建筑构件耐火试验方法   第 1 部分：通用要求：GB/T 9978.1—2008［S］. 北京：中国计划出版社，2008.

第6章 标准火灾下木楼盖抗火性能的试验研究

木楼盖在木结构建筑中将竖向荷载传递给竖向受力构件，并保证结构抗侧力的空间协同作用和整体性，因此楼盖性能对整个结构的安全性至关重要。火灾作用下，木楼盖还有阻止火灾上下层蔓延的阻断功能。研究表明未采取防火保护措施的木楼盖的耐火极限较低，应对其火灾性能提升技术进行深入研究[6-1]。

6.1 采用不同防火保护措施木楼盖耐火极限试验研究

6.1.1 试验概况

1 试件设计

共制作了4个木楼盖试件，试件编号为F1～F4，其中试件F1为普通木楼盖对比试件，木搁栅和木地板未采取任何防火保护措施；试件F2木搁栅采用经过阻燃处理的赤松，木地板两面均涂抹3道膨胀型阻燃涂料；试件F3木搁栅和木地板两面均涂抹3道膨胀型阻燃涂料，木搁栅空隙处采用岩棉填塞；试件F4在下层木地板下表面增设一层耐火石膏板，保证耐火石膏板与下层木地板可靠连接，其余与试件F1相同。

所有木楼盖试件平面尺寸均为1500mm×1650mm；总高度为230mm，包括200mm厚木搁栅和2层15mm厚木地板。木搁栅选用赤松，规格为50mm×200mm@400mm；木地板选用菠萝格无漆地板，规格为15mm×100mm×850mm。统计数据显示，木楼盖实际工作活荷载约为1.0～1.5kN/m²，木楼盖堆载选为1.2kN/m²，通过25kg的质量块进行堆载。

试件尺寸及特征见图6-1。

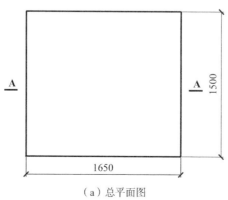

（a）总平面图

图6-1 木楼盖试件尺寸及特征图（一）

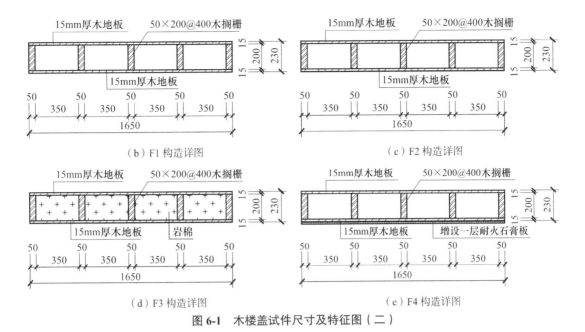

（b）F1 构造详图　　　　　　　　　　　（c）F2 构造详图

（d）F3 构造详图　　　　　　　　　　　（e）F4 构造详图

图 6-1　木楼盖试件尺寸及特征图（二）

2　试验材料

木楼盖试件中木搁栅采用赤松，材性试验测得其气干密度为 450kg/m³，含水率为 16.8%；木地板均采用菠萝格无漆木地板，材性试验测得其气干密度为 710kg/m³，含水率为 11.4%。试件 F2 和试件 F3 采用由无机阻燃剂、发泡剂、成碳剂、合成乳液、钛白粉等组成的水性膨胀型阻燃涂料，均涂抹 3 道，用量约为 500～1000g/m²。试件 F3 选用岩棉板的密度为 110kg/m³，燃烧性能等级为 A1 级。试件 F4 选用 12mm 厚耐火石膏板，导热系数为 0.18W/（m·K），燃烧性能等级为 A2 级。

3　试验设备及装置

木楼盖试件耐火极限试验在耐火试验炉上进行，炉温采用标准火灾升温曲线。木楼盖试件底面受火，两长边（长 1650mm）简支在耐火试验炉盖板上，两短边（宽 1500mm）自由搁置在耐火试验炉中间开敞处，受火宽度为 500mm，两端各搁置 500mm。为了保证耐火试验炉的密闭性，木楼盖试件安装就位后在耐火试验炉其他开敞部位采用耐火石膏板和防火棉隔热。为防止烟气和火焰从木搁栅空隙处漏出，木楼盖试件四周采用防火棉包裹。木楼盖试件耐火极限试验示意及实景见图 6-2 和图 6-3。

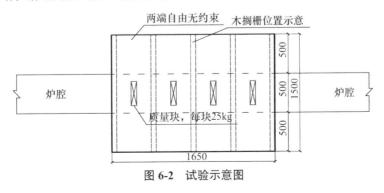

图 6-2　试验示意图

图 6-3　试验实景图

4　测试元件布置

为了解受火过程中木楼盖试件不同位置的温度变化情况，在木搁栅内部不同位置、木地板不同表面布置热点偶。每个试件各布置 12 个热电偶，且位置一一对应。热电偶具体布置位置见图 6-4。

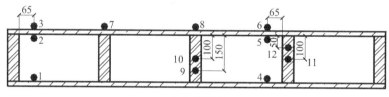

（a）截面图

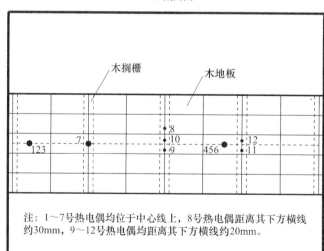

注：1~7 号热电偶均位于中心线上，8 号热电偶距离其下方横线约 30mm，9~12 号热电偶均距离其下方横线约 20mm。

（b）平面图

图 6-4　热电偶布置图

6.1.2 试验现象

1 试件 F1

受火 3min 后，试件 F1 西侧有轻微烟气冒出；随着受火时间增加，烟气变大；受火 20min 后，包裹木楼盖试件的防火棉开始泛黄，周边烟雾大量溢出，上层木地板接缝处漏烟；受火 25min 后，防火棉侧面开始大面积泛黄；受火 35min 后，防火棉侧面开始焦黑，木地板接缝处漏烟量明显增多；受火 37min 时，木地板发出明显的爆裂声，烟雾明显增大；受火 43min 后，上层木地板上表面颜色开始变深，爆裂声明显增多；受火时间达到 48min 时，明火从上层木地板中窜出超过 10s，立即切断燃气，进行浇水灭火冷却。灭火后，未受火区域上层木地板下表面均明显炭化，未受火区域下层木地板上表面亦明显炭化；五根木搁栅中间三根烧损严重，边缘两根略轻。F1 试验过程见图 6-5。

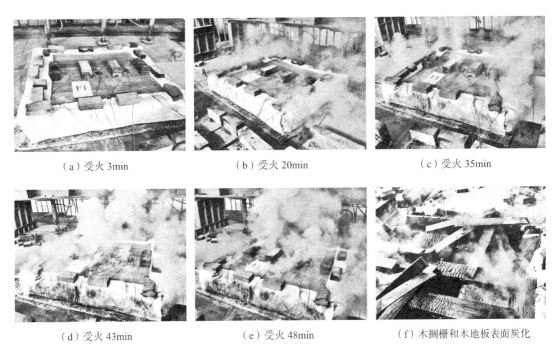

（a）受火 3min　　　　　　（b）受火 20min　　　　　　（c）受火 35min

（d）受火 43min　　　　　　（e）受火 48min　　　　（f）木搁栅和木地板表面炭化

图 6-5 F1 试验过程

2 试件 F2

受火 3min 后，试件 F2 在一侧底部有轻微烟气冒出；随着受火时间增加，烟气变大；受火 25min 时包裹试件的防火棉开始泛黄；受火 35min 后，上层木地板上表面开始局部泛黄，防火棉颜色变为焦黄；受火 37min 时，木地板开始发出零星的爆裂声；受火 41min 后，上层木地板上表面大面积泛黄；当受火时间达到 46min 时，明火从上层木地板中窜出超过 10s，立即切断燃气，进行浇水灭火冷却。灭火后，未受火区域上层木地板下表面明显炭化；受火区域上层木地板下表面显著炭化、上表面基本完好；经过阻燃浸渍处理的木搁栅亦烧损严重。F2 试验过程见图 6-6。

（a）受火 5min　　　　　　（b）受火 20min　　　　　　（c）受火 35min

（d）受火 46min　　　　　　（e）浇水灭火　　　（f）经阻燃浸渍处理木搁栅烧损严重

图 6-6　F2 试验过程

3　试件 F3

受火 6min 后，试件 F3 西北角边缘有烟雾溢出；受火 10min 后试件四个角部边缘相继有烟雾溢出；受火 25min 后，烟雾略有增大；受火 30min 后，试件东部防火棉侧面明显泛黄；受火 40min 后，上层木地板板缝处开始漏烟，东侧防火棉侧面开始焦黑；受火 47min 时，木地板发出爆裂声；受火 60min 后，烟雾略有增长，试件东侧防火棉更加焦黑，南侧防火棉开始泛黄；受火 90min 后，烟雾略有增大，南侧防火棉焦黄面积增大，东侧防火棉焦黑范围扩大；受火 120min 后，上层木地板上表面变色，试件四边防火棉变色更加明显；受火 140min 后，东西两侧防火棉泛红，内部木搁栅燃烧；受火 160min 后，上层木地板漏烟增加，但整体仍完好；受火 179min 时，火苗从上层木地板上表面东侧靠近边缘处窜出超过 10s，立即切断燃气，进行浇水灭火冷却。灭火后，上层木地板除局部区域外下表面均未炭化；两个边缘木搁栅均烧完；中间三根木搁栅受火区域截面损失明显，但未受火区域及木搁栅上表面均保持原色、未炭化；填塞的岩棉仍保持基本完好状态。F3 试验过程见图 6-7。

（a）受火 10min　　　　　　（b）受火 60min　　　　　　（c）受火 100min

图 6-7　F3 试验过程（一）

（d）受火 160min

（e）受火 179min

（f）上层木地板下表面未炭化、
木搁栅未受火处未炭化

图 6-7　F3 试验过程（二）

4　试件 F4

受火 4min 后，试件 F4 东侧边缘处开始有烟雾溢出；受火 7min 后，试件西侧边缘处有烟雾溢出；受火 40min 时，烟雾明显增多；受火 55min 后，上层木地板板缝开始漏烟，西南角防火棉角部漏烟大，角部防火棉开始泛黄；受火 60min 后，边缘防火棉侧面开始泛黄；受火 65min 后，烟雾明显变大；受火 70min 后，边缘防火棉侧面开始焦黄；受火 75min 后，木地板发出爆裂声，防火棉侧面焦黑；受火 80min 后，木地板爆裂声增多，烟雾变大；当受火 82min 时，木楼盖中间质量块边缘有明火冒出超过 10s，上层木地板烧穿，质量块掉落，立即切断燃气，进行浇水灭火和冷却。灭火后，未受火区域上层木地板下表面均明显炭化，未受火区域下层木地板上表面亦明显炭化；五根木搁栅烧损均较 F1 略轻。F4 试验过程见图 6-8。

（a）受火 7min

（b）受火 40min

（c）受火 65min

（d）受火 75min

（e）受火 82min

（f）浇水灭火后试件

图 6-8　F4 试验过程

综上所述，采用不同防火保护措施后，木楼盖试件的耐火极限有不同程度的提高，试验结束后木搁栅和木地板的烧损程度略有降低。

6.1.3 试验结果与分析

1 木楼盖耐火极限判别标准

根据国家标准《建筑构件耐火试验方法 第1部分：通用要求》GB/T 9978.1—2008[6-2]的规定，木楼盖耐火极限为其在受火期间能够保持承载能力、整体性和隔热性的时间。试验中判定准则：当质量块掉落时，受火木楼盖丧失承载能力；当棉垫试验中棉垫被点燃或背火面出现火焰并持续超过10s，受火木楼盖丧失完整性；当背火面温升超过初始平均温度140℃，或背火面任一点位置的温升超过初始温度180℃，受火木楼盖丧失隔热性。无论受火木楼盖丧失承载能力、完整性还是隔热性，均认为其达到耐火极限。如达到两种及以上的破坏状态，则取较小值为其耐火极限。

木楼盖试件耐火极限试验结果汇总见表6-1。

木楼盖试件耐火极限试验结果 表6-1

试件编号	耐火极限/min		
	按棉垫试验及背火面明火判定	按背火面平均温升判定	按背火面最高温升判定
F1	48	37	43
F2	46	44	43
F3	179	> 179	> 179
F4	82	74	76

2 木楼盖温度变化分析

木楼盖试件 F1～F4 的木地板表面温度变化见图6-9，图中1号和4号为下层木地板上表面温度、2号和5号为上层木地板下表面温度。木搁栅内部温度变化见图6-10，背火面温度变化见图6-11。当温度大于300℃，根据文献[6-3]认为该处木材已开始炭化并燃烧。

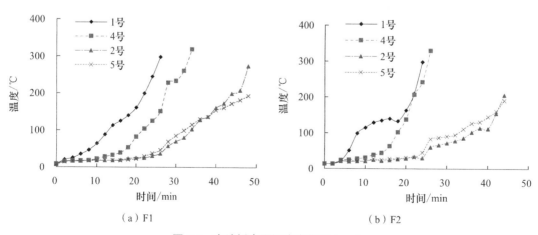

（a）F1　　　　　　　　　　　　　（b）F2

图6-9 木地板表面温度变化图（一）

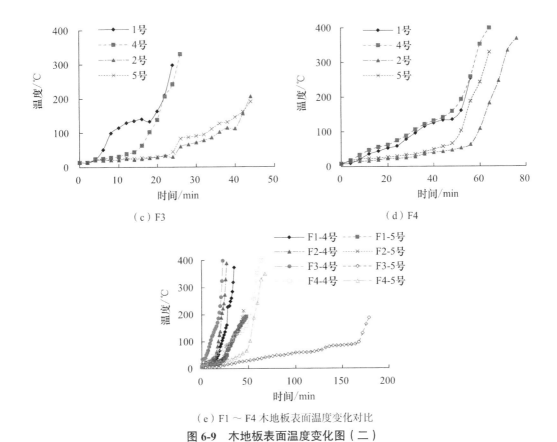

（c）F3

（d）F4

（e）F1 ～ F4 木地板表面温度变化对比

图 6-9　木地板表面温度变化图（二）

由图 6-9 可知：① 除下层木地板下表面采用耐火石膏板保护的试件 F4 外，其余三个试件受火区域下层木地板上表面升温均较快。随着下层木地板烧穿，对比试件 F1 和仅采用膨胀型阻燃涂料的试件 F2 上层木地板下表面亦迅速升温。② 由于试件 F3 空隙处填满了燃烧性能等级为 A1 级的岩棉，其上层木地板得到很好的保护而温度上升较慢。③ 采用耐火石膏板保护的试件 F4 在耐火石膏板烧穿前很好地保护了木楼盖，其下层木地板上表面的温度明显滞后于其余试件；但当耐火石膏板烧穿后，其下层木地板升温较快，且与上层木地板底面温度快速升高的间隔时间明显小于其他试件。

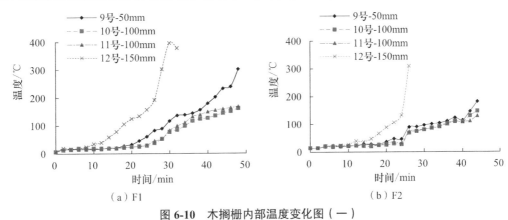

（a）F1

（b）F2

图 6-10　木搁栅内部温度变化图（一）

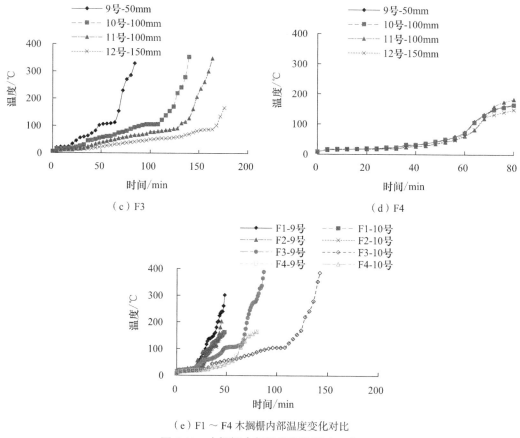

（e）F1～F4木搁栅内部温度变化对比

图6-10　木搁栅内部温度变化图（二）

由图6-10可知：① 试件F2木搁栅内部相同位置的温度与试件F1相近。② 在普通木楼盖底面增设一层耐火石膏板后，试件F4木搁栅内部相同位置的温度升高速度明显小于对比试件F1，木搁栅开始炭化的时间明显推迟，炭化速度明显降低。③ 当采用岩棉填满后，试件F3木搁栅内部相同位置的温度升高速度明显低于试件F1，木搁栅侧面不受火，仅底面受火，因而相同受火时间下木搁栅炭化深度明显小于其他试件。

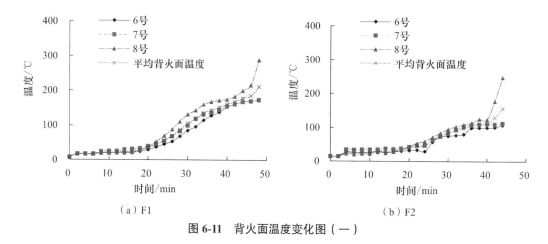

（a）F1　　　　　　　　　　　　　　　（b）F2

图6-11　背火面温度变化图（一）

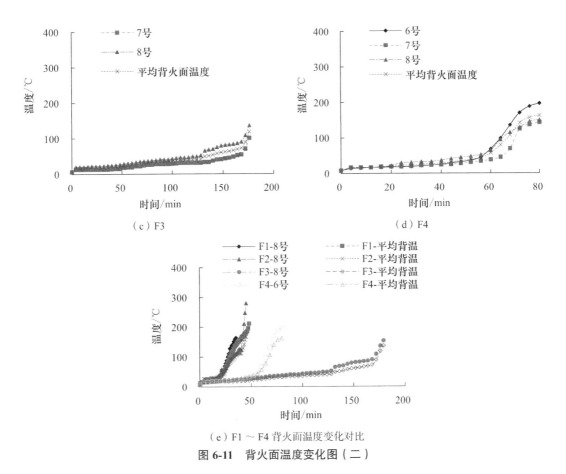

（c）F3　　　　　　　　　　　　　　（d）F4

（e）F1～F4 背火面温度变化对比

图 6-11　背火面温度变化图（二）

由图 6-11 可知：① 试件 F2 背火面平均温升及最高温升均与试件 F1 相近。② 在普通木楼盖底面增设一层耐火石膏板后，试件 F4 背火面平均温升及最高温升均较试件 F1 和试件 F2 明显滞后，达到平均温升限值 140℃的时间滞后约 30min，达到最高温升限值的时间约滞后 33min。③ 当采用岩棉塞满木搁栅空隙后，试件 F3 背火面测点处的平均温升及最高温升较其他三个时间均明显滞后，在有明火窜出后仍没有达到限值。

3　木楼盖耐火极限对比分析

采用不同防火保护措施的木楼盖试件 F1～F4 的耐火极限对比见图 6-12。

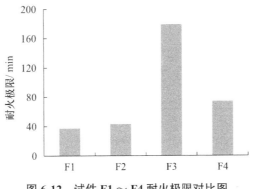

图 6-12　试件 F1～F4 耐火极限对比图

141

由图 6-12 可知：① 木搁栅采用阻燃处理并对木地板表面进行膨胀型阻燃涂料处理后木楼盖试件的耐火极限增加 6min，提高约 16%。② 在普通木楼盖底面增设一层 12mm 厚耐火石膏板后，其耐火极限增加 37min，提高 100%。③ 当在木楼盖空隙处填塞岩棉并对木搁栅和木地板表面进行膨胀型阻燃涂料处理后，木楼盖试件耐火极限大幅增长 145min，提高约 384%。

应当指出的是，本次耐火极限试验木楼盖试件的受火跨度较小，随着木楼盖受火跨度增大，受火后木楼盖变形对其耐火极限的不利影响将增大，实际木楼盖的耐火极限将小于本次试验结果，这有待于进一步深入研究。

6.2 木楼盖耐火性能提升建议

试验结果表明，无防火保护措施的木楼盖耐火极限较小，底部增设耐火石膏板能明显提高木楼盖的耐火性能，采用岩棉填塞木楼盖空腔能大幅提高木楼盖的耐火性能。另外，国内外研究表明，在上层木地板表面浇筑混凝土也能显著提高木楼盖的耐火性能[6-4~6-7]。

对于新建建筑中的木楼盖，可采用岩棉、玻璃棉、普通石膏板、耐火石膏板等材料对木楼盖进行填充和包覆，其中隔热材料类型、石膏板类型和厚度等具体根据木楼盖的设计耐火极限确定。通过合理选择填充材料或石膏板，木楼盖的耐火极限可达到 0.75~2.00h。我国国家标准《木结构设计标准》GB 50005—2017[6-8] 附录 R 给出了两类木楼盖的详细做法，见表 6-2。

木楼盖的燃烧性能和耐火极限   表 6-2

构造做法	示意图	耐火极限 /h	燃烧性能
① 楼面板为18mm厚定向刨花板或胶合板； ② 实木搁栅或工字木搁栅，间距400mm或610mm； ③ 填充岩棉或玻璃棉； ④ 吊顶为双层12mm耐火石膏板		1.00	难燃性
① 楼面板为15mm厚定向刨花板或胶合板； ② 实木搁栅或工字木搁栅，间距400mm或610mm； ③ 填充岩棉或玻璃棉； ④ 13mm隔声金属龙骨； ⑤ 吊顶为12mm耐火石膏板		0.50	难燃性

对于既有建筑中的木楼盖，在既有建筑改造过程中，应根据既有建筑特点选取适用的耐火性能提升技术。对于一般木结构建筑，可在木楼盖底面增设耐火石膏板或在木楼盖上表面浇筑混凝土以提高房屋的整体耐火性能，为发生火灾后的人员逃生提供充足的时间。

增设耐火石膏板时应保证耐火石膏板与木楼盖的可靠连接，并保证耐火石膏板接缝处以及耐火石膏板与墙体交接处的耐火能力。木楼盖上表面浇筑混凝土时，在木梁（搁栅）上布置剪力连接件，将木梁（搁栅）、木楼板与混凝土进行连接形成木梁（搁栅）—混凝土组合楼板，使木梁或搁栅与混凝土形成共同作用。

对于具有重要历史文化价值且要求原状保留的文物建筑中的木楼盖，建议可在木楼盖空隙处填满岩棉并对木构件表面进行阻燃涂料处理，以大幅提高其耐火极限，为消防提供足够时间以保护其蕴含的历史文化价值。

6.3　小结

本章主要介绍了采用不同防火保护措施后木楼盖的耐火性能，考察了不同防火保护措施对耐火极限和温度场变化规律的影响，并提出了既有木楼盖耐火性能的提升建议。

参 考 文 献

［6-1］ Xu Q, Wang Y, Chen L, et al. Comparative experimental study of fire-resistance ratings of timber assemblies with different fire protection measures [J]. Advances in Structural Engineering, 2016, 19 (3): 500-512.

［6-2］ 中华人民共和国国家质量监督检验检疫总局，中国国家标准化管理委员会. 建筑构件耐火试验方法　第 1 部分：通用要求：GB/T 9978.1—2008［S］. 北京：中国计划出版社，2008.

［6-3］ White R, Nordheim E. Charring rate of wood for ASTM E119 exposure [J]. Fire Technology, 1992, 28 (1): 5-30.

［6-4］ Deam B, Fragiacomo M, Buchanan A. Connections for composite concrete slab and LVL flooring systems [J]. Materials and Structures, 2007, 41 (3): 495-507.

［6-5］ Kuhlmann U, Michelfelder B. Optimized design of grooves in timber-concrete composite slabs [C]. Portland: 9th World Conference on Timber Engineering, 2006.

［6-6］ O'neill J, Carradine D, Moss P, et al. Design of timber-concrete composite floors for fire resistance [J]. Journal of Structural Fire Engineering, 2011, 2 (3): 231-242.

［6-7］ Meena R, Schollmayer M, Tannert T. Experimental and numerical investigations of fire resistance of novel timber-concrete-composite decks [J]. Journal of Performance of Constructed Facilities, 2014, 28 (6): A4014009.

［6-8］ 中华人民共和国住房和城乡建设部. 木结构设计标准：GB 50005—2017［S］. 北京：中国建筑工业出版社，2018.

第7章　木结构抗火性能的有限元分析

由于明火试验研究会耗费大量的人力和物力，耗时长且火灾试验中能采集到的数据有限，随着数字模拟技术的进步，有限元分析逐渐成为木结构抗火性能研究的重要途径。在炭化性能试验中，当到达指定受火时间后，由于试件温度较高且木材本身为可燃材料，冷却过程中木材可能继续燃烧，导致测得的炭化深度可能较实际炭化深度偏大。研究表明，可通过有限元分析预测得到的木材300℃等温线的深度来近似确定炭化深度[7-1]，且可通过精细有限元分析较好地预测木结构的温度场分布和热力耦合机理。本章采用通用有限元软件ABAQUS建立受火木构件的温度场和耐火极限热力耦合分析模型，并与试验结果进行对比验证[7-2~7-6]。

7.1　木结构温度场分析

7.1.1　传热学基本原理

1　传热学经典理论——热力学第一定律

热传递过程遵循热力学第一定律，即能量守恒定律。热力学第一定律认为，在一定时间内流入与流出微元体的热量的净差额与内热源的发热量之和，应等于微元体所增加的内能。

本章所涉及的温度场分析均是在给定的环境温度下，构件或结构升温遵循标准火灾升温曲线。温度场分析均属于瞬态热分析。在瞬态热分析过程中，系统的温度、热边界条件及系统的内能随温度不断发生变化。构件或结构内部的温度分布情况随受火时间而发生变化，在经历一段相当长的时间后，构件或结构温度趋向于外界介质的温度，最终达到平衡。

2　热量传递的三种方式

热传递的本质是内能从温度高的物体向温度低的物体转移的过程，有三种传递方式：热传导、热对流和热辐射[7-7]。

当两相互接触的物体存在温度梯度时就会发生热传导，热量会从温度高的物体传导至温度低的物体，其过程遵循傅立叶定律；热对流是指固体的表面与其周围接触的流体之间，因温差的存在引起的热量交换，热对流可以分为两类：自然对流和强制对流；热辐射是指物体发射电磁能，并被其他物体吸收转化为热的热量交换过程，辐射热量的多少与辐射物体本身的温度高低有关，辐射物体温度越高，其单位时间内辐射的热量越多。热传导和热对流都需要有传热介质，而热辐射无需任何介质。

3　热传导方程的边界条件

本书在傅里叶定律的基础上，借助热力学第一定律，建立物体内部点的温度随时间和空间的微分关系式，得到温度场的通用微分方程；并利用傅立叶定律和热力学第一定律推导三维瞬态热传导微分方程[7-7]。

为了得到热传导微分方程的唯一解，需要给定初始条件和边界条件。初始条件是在受火时间为零时，构件内的温度分布情况，一般可取室内温度 20℃。边界条件则表示构件边界与周边介质间相互作用的变化规律，边界条件通常可以分为以下三类：

第一类边界条件：已知物体边界上的温度随空间和时间的变化函数

$$T|_{\Gamma} = \begin{cases} T_0 \\ f(x, y, z, t) \end{cases} \qquad (7\text{-}1)$$

式中：T_0 为已知温度，$f(x, y, z, t)$ 为已知温度函数。

第二类边界条件：已知物体边界上的热流密度

$$-k\frac{\partial T}{\partial n}\Big|_{\Gamma} = q \qquad (7\text{-}2)$$

式中：q 为热流密度（q 可以是常数，也可以是时间 t 的函数）。

第三类边界条件：已知与物体相接触的流体介质的对流换热系数及温度

$$-k\frac{\partial T}{\partial n}\Big|_{\Gamma} = \alpha(T - T_f)|_{\Gamma} \qquad (7\text{-}3)$$

式中：T_f 为流体介质的温度，α 为对流换热系数。

木构件受火过程中同时存在热传导、热对流、热辐射三种传热方式，是一个复合传热过程。研究表明，复合传热时三种传热形式不是简单的叠加过程，而是互相影响的复杂过程。

7.1.2　数值模型

1　单元类型

采用三维八节点线性传热六面体单元（DC3D8）来模拟木结构或木构件的温度场分布，均匀划分木构件单元网格。

2　热工性能

木材的热工性能包括导热系数、密度和比热容，均随着温度的变化而变化，本章主要参考欧洲标准 EC5（EN1995-1-2）[7-8]的建议值。

3　荷载及边界条件

通过在受火面施加热辐射和热对流边界来模拟木构件与周围热气层之间的热量传递，周围热气层温度采用实测的炉温或标准火灾升温曲线（标准火灾时）。根据欧洲标准 EC1（EN1991-1-2）[7-9]的建议，受火面热对流系数取 25W/（m²·K），热辐射系数取 0.8。在未受火表面，木构件与室内正常环境中空气进行热量交换，采用热对流来模拟，热传导系数采用 9W/（m²·K）。

4 分析过程

采用热传递分析模块（Heat transfer analysis）进行分析，得到木结构或木构件的温度场分布。

7.1.3 算例验证

以第 3 章中胶合木梁耐火极限试验试件 P100-30 和第 4 章中胶合木柱耐火极限试验试件 E300C-30 为例，对本章中提出的数值模拟方法进行验证。

1 有限元模型

进行温度场有限元分析，采用 DC3D8 单元，有限元模型见图 7-1。模拟时升温曲线采用试验过程中实测升温曲线。

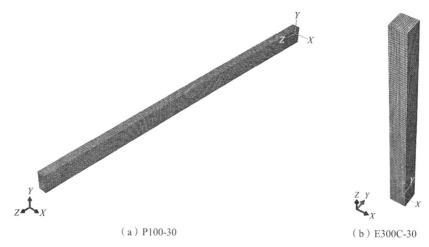

（a）P100-30　　　　　　　　　　　　（b）E300C-30

图 7-1　有限元模型

2 结果分析和对比

图 7-2 和 7-3 分别给出了试件 P100-30 跨中截面和试件 E300C-30 柱中截面不同受火时间时的温度场分布图，图中等温线呈现圆弧状，因为截面的角部受两个方向的热对流、热辐射的影响，温度升高更快，炭化速度比截面其他区域要快些。

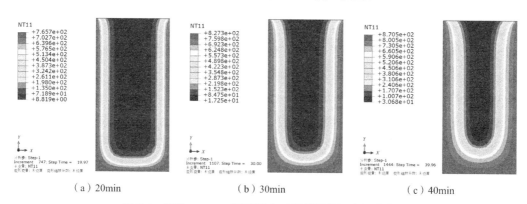

（a）20min　　　　　　　　（b）30min　　　　　　　　（c）40min

图 7-2　试件 P100-30 不同受火时间截面的温度场分布图

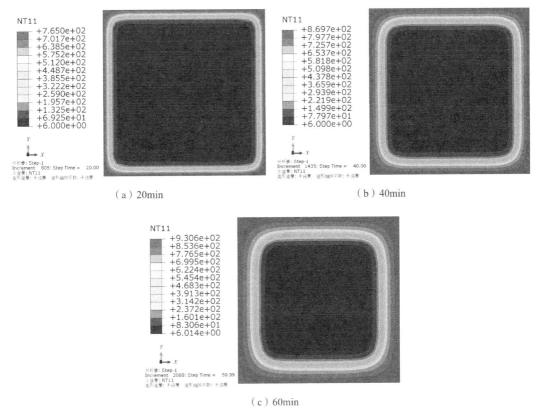

图 7-3　试件 E300C-30 不同受火时间截面的温度场分布图

构件中离受火面不同深度处测得的温度变化与有限元分析结果对比如图 7-4 所示。由图 7-4 可知，有限元计算得到的温度值与试验实测的温度值基本吻合。

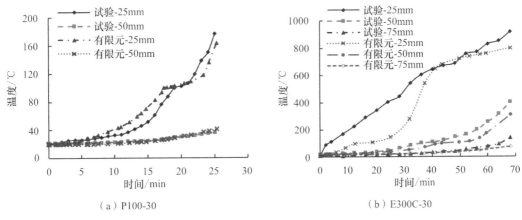

图 7-4　测点温度变化曲线对比

7.2 木结构热力耦合分析

7.2.1 热力耦合分析方法

木构件火灾性能数值模拟是结构场与温度场的耦合场分析问题。热力耦合的分析方法有直接耦合法和间接耦合法两种[7-10]。直接耦合法利用包含所有必须自由度的耦合单元类型，直接同归一次求解分析多个物理场相互影响的结果，适用于多个物理场各自的响应互相依赖的情况，计算成本较高。间接耦合法是按照顺序依次进行两次或多次相关场分析，把第一次场分析的结果作为第二次分析的荷载来实现两种物理场的耦合，相比直接耦合法操作更简便，计算成本大大降低。本节采用间接耦合法进行木构件火灾性能的热力耦合分析，即只考虑温度场对结构场的影响，不考虑结构场对温度场的影响，在不施加荷载的情况下先进行温度场分析，然后将节点温度以预定义场的形式施加到结构场模型中进行火灾性能分析。

热力耦合分析流程见图7-5。

（a）温度场分析流程   （b）结构场分析流程

图 7-5 热力耦合分析流程

7.2.2 数值模型

1 单元类型

采用三维八节点线性六面体单元（C3D8R）来模拟木结构或木构件的热力耦合性能。几何模型与温度场分布分析模型相同。

2 材料力学性能

木材是一种正交各向异性材料，顺纹方向和横纹方向的材料属性存在差异。此外，木材的拉、压屈服强度不相等且两种受力工况下的破坏模式也存在差异，受拉时发生脆性破坏而受压时发生塑性破坏。目前ABAQUS材料库中没有能同时考虑以上因素的材料模型，但ABAQUS提供了UMAT和VUMAT两种用户子程序用于自行编制代码对求解模型进行定义，因此本节利用 FORTRAN 编译器编制适用于木材的 VUMAT 用户材料子程序。VUMAT 流程见图 7-6。

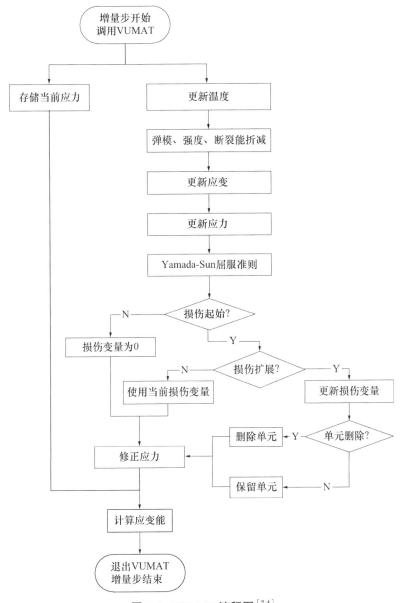

图 7-6 VUMAT 流程图[7-4]

（1）弹性本构模型

木材的本构关系比较复杂，通常将木材简化为如图 7-7 所示的正交各向异性材料。目前应用较多的木材本构模型有两种，如图 7-8。两种模型都认为木材在受拉或受压屈服前一直处于弹性状态，且拉、压弹性模量相等，受拉屈服后脆性破坏；区别在于第一种模型是将受压时的应力—应变曲线简化为理想弹塑性曲线[7-11]，而第二种模型则简化为带下降段的双折线[7-12]。本章选用第一种模型，即将受压应力—应变关系简化为理想弹塑性关系。

149

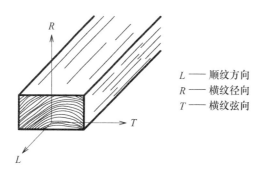

图 7-7 正交各向异性模型

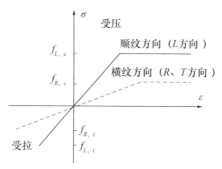

（a）理想弹塑性模型[7-11]

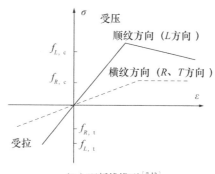

（b）双折线模型[7-12]

图 7-8 常温本构模型

根据复合材料力学可知，正交各向异性材料的弹性本构方程[7-13]为：

$$\{\sigma\} = [D_{ij}]\{\varepsilon\} \tag{7-4}$$

式中：$\{\sigma\}$ 为应力矩阵，$\{\varepsilon\}$ 为应变矩阵，$[D_{ij}]$ 为三维应力状态下的弹性矩阵。

将式（7-4）展开可得：

$$
\begin{Bmatrix} \sigma_{11} \\ \sigma_{22} \\ \sigma_{33} \\ \sigma_{23} \\ \sigma_{13} \\ \sigma_{12} \end{Bmatrix} = \begin{bmatrix} D_{11} & D_{12} & D_{13} & 0 & 0 & 0 \\ D_{21} & D_{22} & D_{23} & 0 & 0 & 0 \\ D_{31} & D_{32} & D_{33} & 0 & 0 & 0 \\ 0 & 0 & 0 & D_{44} & 0 & 0 \\ 0 & 0 & 0 & 0 & D_{55} & 0 \\ 0 & 0 & 0 & 0 & 0 & D_{66} \end{bmatrix} \begin{Bmatrix} \varepsilon_{11} \\ \varepsilon_{22} \\ \varepsilon_{33} \\ \varepsilon_{23} \\ \varepsilon_{13} \\ \varepsilon_{12} \end{Bmatrix} \tag{7-5}
$$

刚度矩阵中各刚度系数的取值为：

$$
\left.
\begin{aligned}
D_{11} &= \frac{1 - v_{23}v_{32}}{E_2 E_3 \Delta} \\
D_{22} &= \frac{1 - v_{13}v_{31}}{E_1 E_3 \Delta} \\
D_{33} &= \frac{1 - v_{12}v_{21}}{E_1 E_2 \Delta} \\
D_{12} = D_{21} &= (v_{21} + v_{31}v_{23})\,/E_2 E_3 \Delta \\
D_{13} = D_{31} &= (v_{13} + v_{12}v_{23})\,/E_1 E_2 \Delta \\
D_{23} = D_{32} &= (v_{32} + v_{12}v_{31})\,/E_1 E_3 \Delta \\
D_{44} &= 2G_{23} \\
D_{55} &= 2G_{13} \\
D_{66} &= 2G_{12}
\end{aligned}
\right\}
\tag{7-6}
$$

其中：

$$
\Delta = \frac{1}{E_1 E_2 E_3}
\begin{vmatrix}
1 & -v_{21} & -v_{31} \\
-v_{12} & 1 & -v_{32} \\
-v_{13} & -v_{23} & 1
\end{vmatrix}
\tag{7-7}
$$

$$
\left.
\begin{aligned}
\frac{v_{12}}{E_1} &= \frac{v_{21}}{E_2} \\
\frac{v_{13}}{E_1} &= \frac{v_{31}}{E_3} \\
\frac{v_{23}}{E_2} &= \frac{v_{32}}{E_3}
\end{aligned}
\right\}
\tag{7-8}
$$

式中：σ_{11}、σ_{22}、σ_{33} 分别为横纹径向、横纹弦向、顺纹方向的正应力，σ_{ij} 为 $i-j$ 平面的剪应力，ε_{11}、ε_{22}、ε_{33} 分别为横纹径向、横纹弦向、顺纹方向的正应变，ε_{ij} 为 $i-j$ 平面的剪应变，E_1、E_2、E_3、G_{12}、G_{13}、G_{23}、v_{12}、v_{13}、v_{23} 的物理含义见表 7-1。

综上所述，有限元数值模拟所需材料参数共 18 个，包括弹性模量 E_1、E_2、E_3，剪切模量 G_{12}、G_{13}、G_{23}，泊松比 v_{12}、v_{13}、v_{23}，抗拉强度 $f_{R,\,t}$、$f_{T,\,t}$、$f_{L,\,t}$，抗压强度 $f_{R,\,c}$、$f_{T,\,c}$、$f_{L,\,c}$ 以及抗剪强度 V_{LR}、V_{RT}、V_{LT}，物理含义见表 7-1。

VUMAT 材料参数

表 7-1

参数／变量顺序编号	材料参数（PROPS）	物理含义	参数／变量顺序编号	材料参数（PROPS）	物理含义
1	E_1	R 方向弹性模量	3	E_3	L 方向弹性模量
2	E_2	T 方向弹性模量	4	G_{12}	$R\text{-}T$ 平面内剪切模量

续表

参数/变量 顺序编号	材料参数 (PROPS)	物理含义	参数/变量 顺序编号	材料参数 (PROPS)	物理含义
5	G_{23}	T-L平面内剪切模量	12	$f_{R,t}$	R方向抗拉强度
6	G_{13}	R-L平面内剪切模量	13	$f_{R,c}$	R方向抗压强度
7	v_{12}		14	$f_{T,t}$	T方向抗拉强度
8	v_{23}	泊松比	15	$f_{T,c}$	T方向抗压强度
9	v_{13}		16	V_{LR}	L-R平面内抗剪强度
10	$f_{L,t}$	L方向抗拉强度	17	V_{RT}	R-T平面内抗剪强度
11	$f_{L,c}$	L方向抗压强度	18	V_{TL}	T-L平面内抗剪强度

注：L为木材顺纹方向，R为木材横纹径向，T为木材横纹弦向。

（2）高温力学性能

高温下木材由于水分散失、木纤维热分解、表面炭化等原因，其力学性能退化。欧洲标准EC 5[7-8]建议在常温力学性能的基础上，将弹性模量和抗拉、抗压、抗剪强度乘上相应的折减系数以考虑高温对木材材性的影响，并给出了弹性模量和顺纹强度的折减系数建议值，建议值考虑了木材蠕变的影响。横纹方向抗压及抗剪强度的折减系数均按顺纹抗压强度的折减系数取值。

（3）强度准则

强度准则用于判断发生强度破坏，即材料失效的时刻，主要包括单轴应力状态下的强度准则和复合应力状态下的强度准则。单轴应力状态下的最大应力准则和最大应变准则假定当任意主轴的应力或应变达到限值时，材料失效。这是正交各向异性材料最简单的强度准则，但由于忽略了各个主轴方向正应力与剪应力之间的相互影响，不能很好地适用于复杂应力状态下的破坏情况。Mises强度准则和Tresca强度准则考虑了应力间的相互影响，但只适用于各向同性材料；Hill在Mises强度准则的基础上引入各向异性系数，提出适用于各向异性材料的Hill强度准则，但不能考虑拉、压强度不相等的情况；Yamada等[7-14]认为正交各向异性材料三个受力主轴方向的强度相互独立，且仅由该方向的正应力和两个相应的剪应力所确定，从而提出了同时考虑了材料的正交各向异性和拉压强度不等的Yamada-Sun强度准则。本章引用Yamada-Sun强度准则作为木材的强度准则，屈服函数见式（7-9）、式（7-10）、式（7-11）：

横纹径向（R方向）：
$$F=\begin{cases}\left(\dfrac{\sigma_{11}}{f_{R,t}}\right)^2+\left(\dfrac{\sigma_{12}}{V_{RT}}\right)^2+\left(\dfrac{\sigma_{31}}{V_{LR}}\right)^2, & \sigma_{11}>0 \\ \left(\dfrac{\sigma_{11}}{f_{R,c}}\right)^2+\left(\dfrac{\sigma_{12}}{V_{RT}}\right)^2+\left(\dfrac{\sigma_{31}}{V_{LR}}\right)^2, & \sigma_{11}<0 \end{cases} \quad (7\text{-}9)$$

$$
横纹弦向（T 方向）：F=\begin{cases}\left(\dfrac{\sigma_{22}}{f_{T,\,t}}\right)^2+\left(\dfrac{\sigma_{12}}{V_{RT}}\right)^2+\left(\dfrac{\sigma_{23}}{V_{TL}}\right)^2, & \sigma_{22}>0 \\[3mm] \left(\dfrac{\sigma_{22}}{f_{T,\,c}}\right)^2+\left(\dfrac{\sigma_{12}}{V_{RT}}\right)^2+\left(\dfrac{\sigma_{23}}{V_{TL}}\right)^2, & \sigma_{22}<0 \end{cases} \tag{7-10}
$$

$$
顺纹方向（L 方向）：F=\begin{cases}\left(\dfrac{\sigma_{33}}{f_{L,\,t}}\right)^2+\left(\dfrac{\sigma_{31}}{V_{LR}}\right)^2+\left(\dfrac{\sigma_{23}}{V_{TL}}\right)^2, & \sigma_{33}>0 \\[3mm] \left(\dfrac{\sigma_{33}}{f_{L,\,c}}\right)^2+\left(\dfrac{\sigma_{31}}{V_{LR}}\right)^2+\left(\dfrac{\sigma_{23}}{V_{TL}}\right)^2, & \sigma_{33}<0 \end{cases} \tag{7-11}
$$

式中：F 为屈服函数，其余参数同式（7-5）。当屈服函数不超过 1 时，材料处于弹性阶段；当屈服函数超过 1 时，材料进入塑性阶段。

（4）损伤模型

强度准则只能用于判断木材何时受压屈服或受拉破坏，但不能区分木材受拉、受压破坏模式的不同特点。

为了考虑木材受压时发生塑性破坏的特点，引入受压损伤因子用于规定木材受压屈服后的塑性发展过程。受压损伤模型如图 7-9 所示，图中 f_c 为抗压强度，ε_{el} 为受压屈服时的应变，ε_c 为塑性阶段任一时刻的应变，σ_c 为与 ε_c 对应时刻不考虑损伤情况下的应力，E 为弹性模量，d_c 为受压损伤因子。

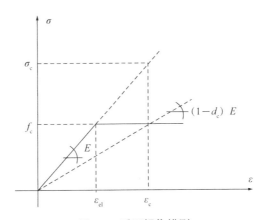

图 7-9　受压损伤模型

由图 7-9 可知，木材处于弹性阶段时 $d_c=0$；木材进入塑性阶段后，随着损伤程度的发展，受压损伤因子从 0 开始逐渐增大。当任一方向的受压损伤因子大于或等于 0.99 时，将单元删除，试件塑性破坏。

为了考虑木材受拉时发生脆性破坏的特点，引入受拉损伤因子 d_t。当受拉区的屈服函数超过 1 时，为受拉损伤因子赋值 $d_t=0.99$，将单元删除，试件脆性破坏。

3　荷载及边界条件

采用均布荷载来模拟通过垫块施加的荷载。根据构件实际边界条件来施加约束条件。通过预定义场导入温度场分析结果，模拟升温过程。

4 分析过程

采用 ABAQUS/Explicit 分析模块进行分析，建立两个分析步：其中第一个分析步用于施加集中荷载，时间长度为 0.15，分析类型为动力显式；第二个分析步用于施加温度场分析结果，以预定义场的形式将温度场分析得到的节点温度施加到结构场模型上，时间长度为 1，分析类型为动力显式。

由于 VUMAT 用户材料子程序中设置了单元删除规则，为避免试件支座位置的单元被删除而导致试件失去约束，数值模拟时将构件两端靠近支座位置的材料属性设置为工程弹性常数，即该区域始终处于弹性阶段，构件中间区域的材料属性为调用 VUMAT 用户材料子程序的正交各向异性材料。

7.2.3 算例验证

同样以第 3 章中胶合木梁耐火极限试验试件 P100-30 和第 4 章中胶合木柱耐火极限试验试件 E300C-30 为例，对本章中提出的数值模拟方法进行验证。

1 材料参数

常温下木材本构模型参数见表 7-2，顺纹抗拉强度、顺纹抗压强度及顺纹弹性模量来自材性试验结果，泊松比取自文献 [7-15]；横纹弹性模量、剪切模量按《木结构设计手册》[7-16] 近似取 $E_T \approx 0.05E_L$，$E_R \approx 0.10E_L$，$G_{LR} \approx 0.075E_L$，$G_{RT} \approx 0.018E_L$，$G_{LT} \approx 0.06E_L$；木材横纹抗拉、抗压和抗剪强度参考《木结构设计手册》[7-16] 取值。

木材本构模型参数 表 7-2

模量 /MPa		强度 /MPa		剪切强度 /MPa		泊松比	
E_L	9312.0	$f_{L,t}$	73.6	f_{LR}	7.2	V_{LR}	0.347
E_R	931.2	$f_{L,c}$	35.6				
E_T	465.6	$f_{R,t}$	7.4	f_{RT}	2.7	V_{LT}	0.315
G_{LR}	698.4	$f_{R,c}$	8.9				
G_{RT}	167.6	$f_{T,t}$	7.4	f_{LT}	7.2	V_{RT}	0.408
G_{LT}	558.7	$f_{T,c}$	8.9				

2 有限元模型

采用间接耦合法，先进行温度场有限元分析，然后以预定义场的形式施加到结构场模型中进行火灾性能分析。温度场分析采用 DC3D8 单元，结构场分析采用 C3D8R 单元，结构场分析模型与温度场分析模型基本相同。胶合木梁 P100-30 两端采用工程常数，其余采用 VUMAT，便于两端施加约束，模型见图 7-10（a）。胶合木柱 E300C-30 通过建立具有初始挠度的轴线来引入初弯曲，初弯曲轴线假定为正弦曲线的一个半波，木柱中点初弯曲幅值取构件长度的 1‰，模型见图 7-10（b）。

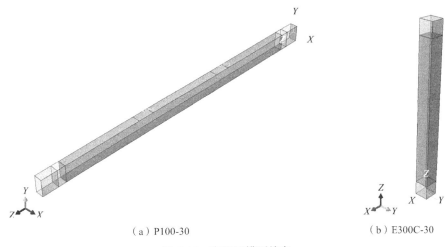

（a）P100-30　　　　　　　　　（b）E300C-30

图 7-10　有限元模型信息

3　结果分析和对比

根据模型能量变化曲线（图 7-11），当动能急剧增大时，构件不再符合准静态分析的要求，此时刻即为耐火极限。得到试件 P100-30 和试件 E300C-30 的耐火极限分别为 25.2min 和 76.5min，与试验测得的耐火极限偏差在 15% 以内。

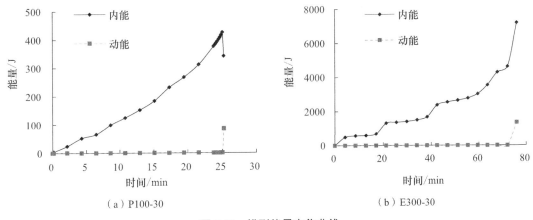

（a）P100-30　　　　　　　　　（b）E300-30

图 7-11　模型能量变化曲线

试件 P100-30 和试件 E300C-30 位移—时间曲线如图 7-12 所示，位移随着受火时间呈非线性增长，试件达到耐火极限时，由于试件发生断裂，位移产生突变。由图 7-12 可知，模拟得到的位移—时间曲线与试验结果吻合较好。试件 P100-30 和试件 E300C-30 模拟得到的破坏形态见图 7-13。

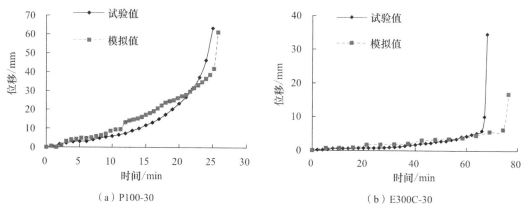

（a）P100-30 　　　　　　　　　　（b）E300C-30

图 7-12　试件位移—时间曲线

分析步: Step-2
Increment　661852: Step Time =　0.5400
主变量: U, U2
变形变量: U　变形缩放系数: +1.000e+00
状态变量: STATUS

（a）P100-30

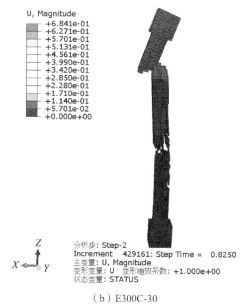

分析步: Step-2
Increment　429161: Step Time =　0.8250
主变量: U, Magnitude
变形变量: U　变形缩放系数: +1.000e+00
状态变量: STATUS

（b）E300C-30

图 7-13　试件破坏形态

7.3 小结

本章主要介绍了传热学基本原理和热力耦合分析方法，然后利用有限元软件 ABAQUS 建立了受火木构件的温度场分布和耐火极限热力耦合数值分析模型，对其温度场分布和耐火性能进行了分析，并采用算例进行验证。研究表明，本章提出的有限元模型能较好地模拟木结构或木构件的火灾性能。

参 考 文 献

［7-1］ White R, Nordheim E. Charring rate of wood for ASTM E119 exposure [J]. Fire Technology, 1992, 28 (1): 5-30.

［7-2］ 胡小锋. 胶合木结构构件火灾性能试验研究［D］. 南京：东南大学，2018.

［7-3］ 王正昌. 传统木结构典型构件火灾性能试验研究［D］. 南京：东南大学，2018.

［7-4］ 李林峰. 梁柱式木结构框架抗火数值模拟研究［D］. 南京：东南大学，2014.

［7-5］ 陈玲珠. 火灾下木构件温度场分布数值模拟研究［J］. 结构工程师，2016，32（1）：31-37.

［7-6］ 张悦洋，张晋，李维滨，等. 钢填板－螺栓连接胶合木框架结构耐火试验与有限元分析［J］. 建筑结构学报，2018，39（9）：53-65.

［7-7］ 许国良，王晓墨，邬田华，等. 工程传热学［M］. 北京：中国电力出版社，2011.

［7-8］ EN 1995-1-2. Eurocode 5: Design of timber structures -- Part 1-2: General - Structural fire design [S]. Brussels: European Committee for Standardization, 2004.

［7-9］ EN 1991-1-2. Eurocode 1: Actions on structures - Part 1-2: General actions - Actions on structures exposed to fire [S]. Brussels: European Committee for Standardization, 2004.

［7-10］ 刘桥. 高强钢筋混凝土连续梁抗火性能试验研究［D］. 南京：东南大学，2014.

［7-11］ Peng L. Performance of heavy timber connections in fire [D]. Ottawa: Carleton University, 2010.

［7-12］ Buchanan A. Bending strength of lumber [J]. Journal of Structural Engineering, 1990, 116 (5): 1129-1213.

［7-13］ 矫桂琼，贾普荣. 复合材料力学［M］. 西安：西北工业大学出版社，2008.

［7-14］ Yamada S, Sun C. Analysis of laminate strength and its distribution [J]. Composite Materials, 1978, 12 (3): 275-284.

［7-15］ Forest Products Laboratory. Wood handbook: wood as an engineering material [M]. Wanshingdon DC: University Press of the Pacific, 2010.

［7-16］《木结构设计手册》编委会. 木结构设计手册［M］. 北京：中国建筑工业出版社，2021.

第8章 木结构防火设计方法

木结构的防火设计除了防火验算设计外还包括防火构造设计。本章详细介绍了木结构的防火验算设计方法和防火构造设计方法。根据课题组试验结果和国内外相关成果[8-1]，在国家标准《木结构设计标准》GB 50005—2017[8-2]和《胶合木结构技术规范》GB/T 50708—2012[8-3]基础上，提出符合我国木结构特点的防火设计方法。

8.1 木材炭化速度计算方法

8.1.1 无表面防火处理木材

研究表明，木材炭化速度可能与密度、含水率、树种、受火方向等参数相关，不同学者和不同技术标准提出的标准火灾下炭化速度和炭化深度计算公式汇总见表 8-1。

炭化速度和炭化深度计算公式汇总 表 8-1

资料来源	计算公式	符号说明
Lawson 等[8-4]	$\beta_t = \dfrac{1.04}{t^{0.2}}$；$\beta = \dfrac{1.30}{t^{0.2}}$	β_t 为瞬时炭化速度，mm/min；β 为平均炭化速度，mm/min；t 为受火时间，min
Schaffer[8-5]	$t = [(2.27 + 0.064\omega)\rho + 0.33]d$	d 为炭化深度，mm；t 为受火时间，min；ρ 为木材密度；ω 为含水率，%
Gardner 等[8-6]	$d = \dfrac{413t}{\rho} + 1.6$	d 为炭化深度，mm；t 为受火时间，min
White 等[8-7]	$t = md^{1.23}$ $\ln(m) = 1.3349\rho - 0.009887\rho d$ $+ 0.1176c - 0.003887cd$ $+ 0.01717\omega - 1.2521$	d 为炭化深度，mm；t 为受火时间，min；m 为炭化速度参数，min/mm$^{1.23}$；c 为树种特性，硬木取 1，软木取 $\downarrow$ 1；d 为树种传导特性；ρ 为木材密度，kg/m³；ω 为含水率，%
Frangi 等[8-8]	$\beta = \begin{cases} 0.7 & d_r \geqslant 50 \\ 2.36 - 0.033d_r & d_r < 50 \end{cases}$	β 为炭化速度，mm/min；d_r 为剩余截面厚度，mm
Njankouo 等[8-9]	$\beta = 0.60 - 0.10\dfrac{\rho - 500}{300} \geqslant 0.40$	β 为炭化速度，mm/min；ρ 为木材密度，kg/m³
澳大利亚标准 AS/NZS 1720.4[8-10]	$\beta = 0.4 + \left(\dfrac{280}{\rho_{12}}\right)^2$	β 为炭化速度，mm/min；ρ_{12} 为木材含水率为 12% 时密度，kg/m³

续表

资料来源	计算公式			符号说明
欧洲标准 EC5 [8-11]		树种		炭化速度 mm/min
	针叶材	密度不小于 290kg/m³ 的胶合木		0.7
		密度不小于 290kg/m³ 的原木		0.8
	阔叶材	密度不大于 290kg/m³ 的原木和胶合木		0.7
		密度不小于 450kg/m³ 的原木和胶合木		0.55
	注：其余密度阔叶材的名义炭化速度可采用线性插值方法确定			
我国国家标准 GB 50005—2017 [8-2] 美国标准 NDS [8-12]	$d = \beta_n t^{0.813}$			β_n 为燃烧 1h 的名义线性炭化速度，针叶材建议取 38mm/h；t 为受火时间，h

由表 8-1 可知，目前炭化深度代表性计算模型主要是线性模型和幂函数模型。其中线性模型假设炭化深度随受火时间线性增加，同一树种木材炭化速度为常数，主要考虑密度和含水率对炭化速度的影响；而幂函数模型则假设炭化深度随受火时间非线性增加，考虑炭化层形成后对进一步炭化的延缓作用。

国家标准《木结构设计标准》GB 50005—2017 [8-2] 和《胶合木结构技术规范》GB/T 50708—2012 [8-3] 仅提出了无表面防火处理措施针叶材的炭化速度计算方法。由于近年来我国从非洲、东南亚等地区进口大量阔叶材用于木结构建筑，而阔叶材的炭化性能与针叶材存在较大的区别。因此，在国家标准《木结构设计标准》GB 50005—2017 [8-2] 的基础上，建议阔叶材燃烧 1.00h 的名义线性炭化速度按下式进行计算。式（8-1）的计算值与试验结果的对比见图 8-1。

$$\beta_n = 22.14 + 60\left(\frac{300}{\rho_{12}}\right)^2 \qquad (8-1)$$

式中：β_n——燃烧 1h 的名义线性炭化速度（mm/h）；

ρ_{12}——木材含水率为 12% 时的气干密度（kg/m³）。

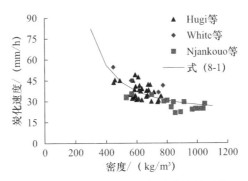

图 8-1 阔叶材炭化速度与试验结果对比

由图 8-1 可知，式（8-1）能较好地预测阔叶材的炭化速度。式（8-1）已被中国工程建设标准化协会标准《木结构防火设计标准》T/CECS 1104—2022[8-13]采用。

8.1.2 有表面防火处理木材

目前，木材表面防火处理措施主要包括：阻燃涂料、耐火石膏板、蛭石防火板、岩棉毡、石灰膏抹面和传统地仗等。从木梁和木柱标准火灾试验结果可知，阻燃涂料主要作用于火灾轰燃前，可延长木材的引燃时间，降低火焰蔓延速度，对减小炭化深度效果有限。而石灰膏抹面和传统地仗表面处理措施对减少炭化深度效果较明显，耐火石膏板也能显著减小木材的炭化速度。

国内外考虑表面防火处理措施对木材炭化速度的影响主要有两种方法：① 假设表面防火处理措施失效前木材表面不发生炭化，表面防火处理措施失效后木材与无表面防火处理措施木材炭化规律相同。② 根据表面防火处理措施的性能和工作状态，分不同阶段建立木材炭化速度，欧洲标准 EC5[8-11]即采用这种方法。

根据木梁和木柱标准火灾试验结果，建议一麻五灰地仗表面处理木材的名义炭化层厚度按式（8-2）计算。式（8-2）的计算值与试验结果的对比见图 8-2。

$$d = \beta_n (t - 0.15)^{0.813} \tag{8-2}$$

式中：β_n——木材燃烧 1h 的名义线性炭化速度（mm/h）；

t——受火时间（h）。

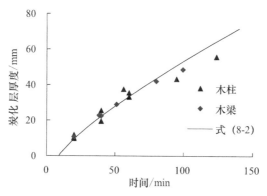

图 8-2 一麻五灰地仗表面处理木材炭化层厚度与试验结果对比

由图 8-2 可知，式（8-2）能较好地预测一麻五灰地仗表面处理木材的炭化层厚度。

8.2 基于炭化速度的木构件防火设计方法

中国标准、欧洲标准、美国标准、澳洲标准提出的木结构防火设计方法均基于剩余截面法，而加拿大标准则基于这一原理给出了简化计算方法。从第 3 章和第 4 章试验结果与标准对比中可知，对于无表面防火处理措施和阻燃涂料处理木构件，国家标准《木结构设计标准》GB 50005—2017[8-2]的计算结果与试验结果接近；而对于一麻五灰地仗表面处理木构件，按国家标准《木结构设计标准》GB 50005—2017[8-2]中无表面防火处理措施的计算公式得到的耐火极限预测值比实测值明显偏低。因此，建议一麻五灰地仗表面处理木构件的有效炭化层厚度按式（8-3）计算。式（8-3）的计算值与试验结果的对比见图8-3。

$$d_{ef} = 1.2\beta_n (t - 0.15)^{0.813} \tag{8-3}$$

式中符号含义同式（8-2）。

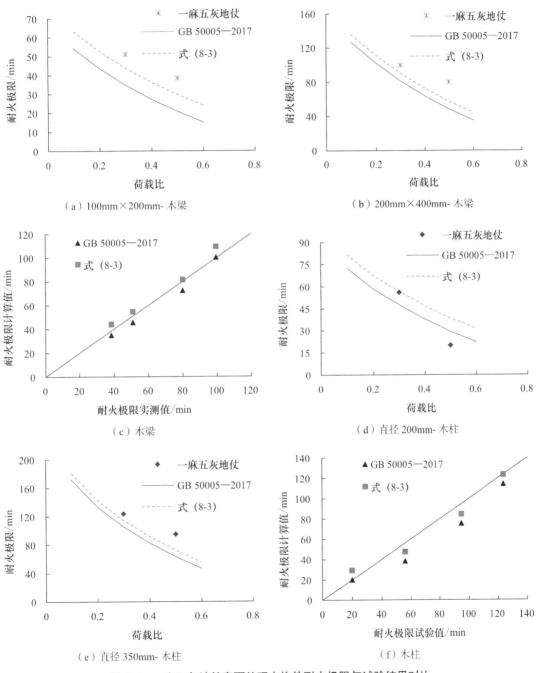

(a) 100mm×200mm- 木梁　　　　　　　（b) 200mm×400mm- 木梁

(c) 木梁　　　　　　　（d) 直径 200mm- 木柱

(e) 直径 350mm- 木柱　　　　　　　（f) 木柱

图 8-3　一麻五灰地仗表面处理木构件耐火极限与试验结果对比

由图 8-3 可知，式（8-3）比国家标准《木结构设计标准》GB 50005—2017[8-2]不考虑表面防火处理措施的计算公式能更好地预测一麻五灰地仗表面处理木构件的耐火极限。

8.3 木结构的防火构造设计

木结构的防火构造设计是保证木结构防火安全的重要手段，不同类型木结构的防火构造设计具有不同的特点。方木原木结构和工程木结构中梁、柱构件的防火设计主要采用防火验算设计方法，而连接的防火设计主要采用防火构造设计。当木材表面外露时，木结构构件主要通过防火验算设计方法确定所需截面尺寸；当木结构构件的燃烧性能不满足国家标准《建筑设计防火规范》GB 50016—2014（2018 年版）[8-14]规定时，可对木构件表面进行阻燃处理；当木结构构件的尺寸受设计要求有限制时，可采用包覆防火板、包覆木质板、包覆柔性毡状隔热材料等防火保护措施。

连接可采用许多不同的防火保护措施，可在保证构件连接处安全可靠的原则下进行防火构造的设计。国家标准《木结构设计标准》GB 50005—2017[8-2]和《胶合木结构技术规范》GB/T 50708—2012[8-3]给出了木梁与木柱、木梁与木梁采用金属连接件连接时，金属连接件的防火构造建议：① 可将金属连接件嵌入木构件内，固定用的螺栓孔可采用厚度不小于有效炭化层厚度 d_{ef} 的木塞封堵，所有的连接缝可采用防火封堵材料填缝；② 金属连接件表面采用截面厚度不小于有效炭化层厚度 d_{ef} 的木材作为表面附加防火保护层；③ 将梁柱连接处包裹在耐火极限满足设计耐火极限要求的墙体中；④ 采用厚度大于15mm 的耐火石膏板在梁柱连接处进行分隔保护；⑤ 对于直接暴露在火中的金属连接件，应在连接件表面涂刷满足设计耐火极限要求的防火涂料；⑥ 主、次梁连接时，金属连接件可采用隐藏式连接。

轻型木结构主要采用防火构造体系来保证结构防火性能。轻型木结构构件主要采用岩棉、普通石膏板、耐火石膏板等措施进行填充和包覆来达到设计要求的耐火极限。轻型木结构骨架构件与面板之间形成许多空腔，应在不同的空腔之间增设防火分隔，从构造上阻断火焰、高温气体及烟气的蔓延。防火分隔可采用截面宽度不小于 40mm 的规格材、厚度不小于 12mm 的耐火石膏板、厚度不小于 12mm 的胶合板或定向木片板、厚度不小于0.4mm 的钢板、厚度不小于 6mm 的无机增强水泥板和其他满足防火要求的材料。轻型木结构建筑中存在许多密闭的空间，密闭空间内按要求做好防火构造措施，是轻型木结构建筑防火十分重要的技术措施之一。

木结构建筑与钢结构、钢筋混凝土结构或砌体结构等其他结构类型混合建造的混合结构，木结构部分与其他结构部分宜采用不燃性楼板或防火墙分隔。当木结构部分与其他结构部分之间采用耐火极限不低于 1.00h 的不燃性楼板或防火墙进行了防火分隔时，木结构部分和其他部分的防火设计，可分别按国家标准《建筑设计防火规范》GB 50016—2014（2018 年版）对木结构建筑和其他结构建筑的规定执行；当木结构部分与其他结构部分之间未采用耐火极限不低于 1.00h 的不燃性楼板或防火墙进行防火分隔时，应按国家标准

《建筑设计防火规范》GB 50016—2014（2018 年版）有关木结构建筑的规定执行。

8.4　小结

本章首先介绍了国内外木结构防火设计的相关成果，然后在国家标准《木结构设计标准》GB 50005—2017 基础上，提出了阔叶材和一麻五灰地仗表面处理木构件的防火验算设计方法，并介绍了不同木结构类型的防火构造设计方法。通过木结构防火验算设计方法和防火构造设计方法的配合使用，可保证木结构的防火安全。

参 考 文 献

［8-1］ 陈玲珠，许清风. 基于炭化速度的梁柱木构件防火设计方法研究［J］. 土木工程学报，2018，51（2）：11-20.

［8-2］ 中华人民共和国住房和城乡建设部. 木结构设计标准：GB 50005—2017［S］. 北京：中国建筑工业出版社，2018.

［8-3］ 中华人民共和国住房和城乡建设部. 胶合木结构技术规范：GB/T 50708—2012［S］. 北京：中国建筑工业出版社，2012.

［8-4］ Lawson D, Webster C, Ashton L. The fire endurance of timber beams and floors [J]. Structure Engineer, 1952, 30:27-34.

［8-5］ Schaffer E. Charring rate of selected woods-transverse to grain [R]. Madison, WI: US Forest Products Laboratory, 1967.

［8-6］ Gardner W, Syme D. Charring of glue-laminated beams of eight Australian-grown timber species and the effect of 13mm gypsum plasterboard protection on their charring [R]. Sydney, Australia: NSW Timber Advisory Council Ltd., 1991.

［8-7］ White R, Nordheim E. Charring rate of wood for ASTM E119 exposure [J]. Fire Technology, 1992, 28 (1): 5-30.

［8-8］ Frangi A, Fontana M. Charring rates and temperature profiles of wood sections [J]. Fire and Materials, 2003, 27 (2): 91-102.

［8-9］ Njankouo J, Dotreppe J, Franssen J. Experimental study of the charring rate of tropical hardwoods [J]. Fire and Materials, 2004, 28 (1): 15-24.

［8-10］ AS/NZS 1720.4-2019. Timber structures Part 4: Fire resistance of timber elements [S]. Sydney: Standards Australia, 2019.

［8-11］ Eurocode 5: Design of timber structures -- Part 1-2: General - Structural fire design: EN 1995-1-2 [S]. Brussels: European Committee for Standardization, 2004.

［8-12］ National Design Specification for Wood Construction: NDS-2015 [S]. Washington: American Forest & Paper Association, Inc, 2015.

［8-13］中国工程建设标准化协会. 木结构防火设计标准：T/CECS 1104—2022［S］. 北京：中国建筑工业出版社，2022.

［8-14］中华人民共和国住房和城乡建设部. 建筑设计防火规范：GB 50016—2014（2018 年版）［S］. 北京：中国计划出版社，2018.

第9章 总结与展望

9.1 总结

本书针对木结构的火灾性能开展了木材炭化性能、木构件（木梁、木柱、木节点、木楼盖）火灾性能、热力耦合有限元分析、防火设计方法等系列研究，在明火试验、理论分析和数值模拟基础上，得到以下主要结论：

（1）木材的炭化深度随受热时间增加近似呈线性增加，且随热流通量的增加而增加；木材炭化速度随受热时间增加略有降低，在受热时间为 30～60min 之间时趋于稳定；花旗松、樟子松、南方松和柳桉的炭化速度较接近，而菠萝格的炭化速度较其他树种明显偏低。

（2）木构件炭化后截面基本可分为炭化层、高温分解层和常温层。矩形截面燃烧后角部呈圆弧状，圆形截面燃烧后仍基本保持圆形。石灰膏抹面和一麻五灰地仗等表面防火处理措施可明显降低木构件的炭化速度。

（3）三面受火木梁和四面受火木柱耐火极限随荷载比的增加明显降低，随截面尺寸的增加而增加。表面采用不同类型阻燃涂料处理后，木构件的耐火极限略有提高；表面采用石灰膏抹面和一麻五灰地仗处理后，木构件的耐火极限明显提高。

（4）受火后木构件的破坏荷载随受火时间增加呈非线性下降，破坏荷载下降幅度随着截面尺寸增加而减小。采用石灰膏抹面和一麻五灰地仗处理后，木构件的破坏荷载下降幅度明显小于无表面防火处理措施试件。

（5）螺栓连接节点和榫卯节点的耐火极限随荷载比的增加明显降低，节点表面进行阻燃涂料处理后耐火极限略有提高。

（6）采用不同防火保护措施后木楼盖的耐火极限有所提高，填塞岩棉的效果优于底面增设石膏板，增设石膏板的效果优于涂抹阻燃涂料。

（7）采用通用有限元软件 ABAQUS 中提供的顺序耦合方法进行木构件的热力耦合分析，开发考虑木材正交各向异性的 VUMAT 用户材料子程序，对其温度场分布和耐火极限进行了数值模拟，分析结果均符合工程精度要求。

（8）提出了适用于阔叶材和一麻五灰地仗表面处理木构件的防火设计方法。通过木结构防火验算设计方法和防火构造设计方法的配合使用，可保证木结构的防火安全。

9.2 展望

我国仍保存大量具有重要历史文化价值的传统木结构建筑，是中华文明传承的重要载体，保证其防火安全是一个重要的技术挑战。随着碳达峰碳中和战略的实施，木材作为一种可用于建筑的天然可再生资源，能有效减少建筑全生命期的碳排放，现代木结构建筑在我国也迎来了新的发展机遇，其防火安全也是一个复杂的技术问题。基于此，后续还需在以下方面开展进一步研究：

（1）传统木结构建筑尤其是重要历史文物建筑应从保护要求出发，从结构耐火性能提升、火灾风险降低和消防管控等角度综合提高其防火安全。鉴于阻燃涂料对木材火焰传播有明显的延缓作用，建议在民族特色木结构村落中可以适当采用。

（2）国内外大量明火试验均表明，目前的阻燃涂料对木构件和木结构的耐火极限的提高较为有限，国内外技术标准均不考虑采用阻燃涂料对木构件耐火极限的有利作用，仅作为安全储备。今后在现代材料技术基础上，研发能有效提高木构件耐火极限的透明防火涂料非常有意义。

（3）在木结构明火试验过程中，常发生到达设定受火时间或耐火极限后木构件不能及时熄灭冷却的情况，使木构件的实际受火时间大于设定受火时间，从而导致木构件的炭化速度偏大、剩余承载力降低过多，亟待研发可以及时灭火冷却的木结构明火试验系统。

（4）由于明火试验消耗大量的人力物力且污染环境，今后数字火灾试验为主、明火试验验证为辅将成为火灾研究的趋势，应加强按照标准火灾升温曲线或其他实际火场升温曲线下构件火灾行为数值模拟的研究，并着力开发带有自主知识产权的分析软件。

（5）随着智能化、信息化、数字化技术的飞速发展，为木结构火灾行为研究和消防监控等提供了新的技术手段，应加强智能化、信息化、数字化技术与木结构火灾研究和工程应用的融合。

（6）随着碳达峰碳中和国家战略的实施，木材在建筑结构中的大规模推广应用正迎来新的发展机遇。考虑不同建筑材料的特点并发挥其各自特长，近年来研发了木—混凝土、钢—木等新型混合结构体系，但其防火性能研究也至关重要。